天然气发动机
系统优化设计

焦运景 著

Design and Optimisation of
Natural Gas Engine

·北京·

内 容 简 介

天然气作为世界上继煤和石油之后的第三大能源，以其资源丰富、价格低廉及排放污染低的突出优点，被认为是很有发展前途的发动机代用燃料。本著作主要以开发一款应用于城市公交客车的低排放中重型车用单一燃料天然气发动机为例，通过理论分析、数值计算与试验研究相结合的手段，对天然气发动机系统优化设计进行详细的研究分析。全书共7章，内容包括天然气物性介绍及天然气发动机分类、数值计算模型及计算方法、燃烧室优化设计、配气机构的改进设计、进气道的优化设计以及稀燃点燃式天然气发动机的案例分析。

本书可供高等院校机械、能源及动力等专业的本科生、研究生，相关领域研究人员和工程技术人员阅读和参考。

图书在版编目（CIP）数据

天然气发动机系统优化设计/焦运景著.—北京：
化学工业出版社，2022.2
ISBN 978-7-122-40457-2

Ⅰ.①天…　Ⅱ.①焦…　Ⅲ.①天然气发动机-
系统设计　Ⅳ.①TK43

中国版本图书馆 CIP 数据核字（2021）第 259490 号

责任编辑：张海丽　　　　　　　　　　　　　装帧设计：刘丽华
责任校对：王鹏飞

出版发行：化学工业出版社（北京市东城区青年湖南街 13 号　邮政编码 100011）
印　　装：大厂聚鑫印刷有限责任公司
710mm×1000mm　1/16　印张 $9\frac{3}{4}$　彩插 8　字数 191 千字　2022 年 6 月北京第 1 版第 1 次印刷

购书咨询：010-64518888　　　　　　　　　　　售后服务：010-64518899
网　　址：http://www.cip.com.cn

凡购买本书，如有缺损质量问题，本社销售中心负责调换。

定　　价：98.00 元

环境污染和石油资源短缺是 21 世纪人类面临的两大主要问题，也是汽车工业实现可持续发展之路所面临的主要问题，因此开发清洁的代用燃料成为汽车工业的重要研究课题。

随着全球范围内汽车保有量的增加，汽车的有害排放给人类及其生存的环境造成了严重的危害。汽车尾气排出的一氧化碳（CO）、碳氢化合物（HC）、氮氧化物（NO_x）和微粒成为大气污染的主要污染源之一，对人体和动植物造成相当大的危害。统计资料表明，在西方工业发达的大中城市的大气污染中，约 54% 的 CO、41% 的氮氧化物、28% 的碳氢化合物来自汽车尾气。在我国许多城市，汽车尾气已经成为大气污染的首要污染源。研究表明，广州市空气污染的主要污染来源是：机动车尾气占 22%、工业污染源占 20.4%、建筑工地扬尘污染占 19.2%，汽车尾气被市民评为"最不可忍受的污染物"。在北京地区，机动车尾气对地区的污染中，CO、NO 和 HC 的分担率分别为 86%、96%、56%。因此，降低汽车尾气排放成为内燃机工作者所面临的严峻问题。

自 20 世纪 70 年代世界石油危机以来，石油资源短缺已成为各国政府关注的主要问题。作为世界上最大的发展中国家，我国能源问题更加严峻。从 1993 年起，我国由一个石油出口国变为石油净进口国，对进口石油的依存度已由 1995 年的 6.6% 上升为目前的 70% 以上。2003 年，我国成为世界上仅次于美国的第二大石油消费国，石油的依赖率达 30%。2005 年，石油消耗量为 3 亿吨，比 2004 年增长 2.1%。预计至 2030 年，中国石油需求将增长一倍，达到 1530 万桶/日，年均需求增长 3.4%。这极大地加剧了我国的能源供应紧张局面，也对国家的能源安全提出了挑战。

为改善汽车尾气排放和解决能源紧张问题，在不断制定越来越严格的排放法规的同时，世界各国纷纷开始寻求新的清洁的发动机代用燃料，先后开发出了压缩天然气（CNG）、液化石油气（LPG）、甲醇、乙醇、二甲醚（DME）发动机，以及混合动力汽车、电动汽车等新能源汽车。天然气是世界上继煤和石油之后的第三大能源，以其资源丰富、价格低廉、排放污染低的突出优点备受青睐，许多专家和学者指出，天然气将成为 21 世纪最具有实用前景的汽车发动机代用燃料。

基于天然气作为发动机代用燃料的巨大应用潜力，作者以其多年来对天然气发动机系统优化和工作过程的研究为基础，撰写了本书。本书主要针对柴油机改装天然气发动机时遇到的问题，应用试验与 CFD（Computational Fluid Dynamics）研究相结合的方法，结合实际案例进行研究分析。首先，对天然气发动机研究现状、数值计算模型及计算方法进行了叙述；接下来以一款具体发动机为例，对发动机燃烧室形状进行优化改进设计，并针对燃烧室中置与偏置的方案进行了探讨；针对排放过高的问题，对天然气发动机配气机构进行了改进设计，并将优化方案与原机方案一起在发动机台架上进行对比试验，研究了配气相位对燃烧和排放的影响；为保证火核稳定点火，促进火焰向外传播，在原进气道基础上对发动机的螺旋进气道进行了改进设计，并分别对缸内气体进行了稳态和瞬态数值模拟计算；最后，以稀薄燃烧（简称稀燃）点燃式天然气发动机为示例，对天然气发动机进行整机性能试验，研究安装优化设计后的燃烧系统，分析点火提前角和过量空气系数对燃烧过程的影响，探求天然气发动机在不同工况下的稀燃极限，并对该天然气发动机进行 ETC 排放试验。

本书是以作者在天津大学读研期间及毕业后的大量工作积累为基础撰写的，在此感谢天津大学提供了良好的研究环境，感谢东风南充汽车公司给予的试验支持及技术合作，感谢硕士及博士就读期间导师的潜心指导及课题组同学们的帮助，感谢 AVL 公司在软件方面给予的支持与协助，感谢北华航天工业学院的大力支持。

由于作者水平有限，疏漏之处敬请读者批评指正。

著　者

第3章 燃烧室优化设计及案例分析 / 47

第4章 配气机构的改进设计及案例分析 / 71

第1章

绪　论

随着现代汽车工业的蓬勃发展，能源消耗不断增长，温室气体及各种有害排放的激增，使得人类生存环境受到极大的挑战，环境污染和能源危机成为困扰人类发展的两个主要问题。

生态环境部发布的《中国移动源环境管理年报（2021）》，公布了2020年全国移动源环境管理情况。《年报》显示，移动源污染已成为我国大中城市空气污染的重要来源，是造成细颗粒物、光化学烟雾污染的重要原因，移动源污染防治的紧迫性日益凸显。2020年，全国机动车4项污染物排放总量初步核算为1593.0万吨。其中，一氧化碳（CO）、碳氢化合物（HC）、氮氧化物（NO_x）、颗粒物（PM）排放量分别为769.7万吨、190.2万吨、626.3万吨、6.8万吨。汽车是污染物排放总量的主要贡献者，其排放的CO、HC、NO_x和PM等4项主要污染物超过机动车排放总量的90%。

能源方面，自1973年以来多次发生石油危机，人类可利用的石油资源日趋减少，全球现探明的石油储存量只能再开采50年左右。目前汽车消费大国——美国的石油进口已经达到58%；我国自1993年起成为石油净进口国，2019年我国原油对外依存度已经超过70%。根据中国海关数据显示：2020年1~12月中国原油进口数量为54239万吨，同比增长7.3%。能源是国家命脉，石油是战略资源，大量石油进口不仅给我国外汇平衡造成沉重的负担，而且还危及我国的能源安全。

世界天然气资源非常丰富。目前已探明储量约200万立方米，而且探明储量在近20年来以每年约5%的速度增长，预测将在10~20年内超过石油，成为21世纪的主导能源。我国天然气储量较为丰富，据专家评估结果，截至2019年，我国天然气总资源量约为85万亿立方米，已探明的累计可采储量是7.36万亿立方米，探明程度仅为8.6%。由此可见，我国天然气产、储量均有很大潜力，推广使用天然气汽车有着良好的资源条件。

为改善汽车尾气排放和解决能源紧张问题，在不断制定越来越严格的排放法规的同时，世界各国纷纷开始寻求新的清洁的发动机代用燃料。先后开发出了压缩天然气（CNG）、液化石油气（LPG）、甲醇、乙醇、二甲醚（DME）发动机，以及混合动力汽车、电动汽车等。天然气是世界上继煤和石油之后的第三大能源，而且作为气态燃料，可以与空气充分混合，加之C/H比较低，燃烧后生成的CO相对较少，基本上没有碳烟产生，被称为"清洁燃料"。因此，天然气以其资源丰富、价格低廉、排放污染低的突出优点备受青睐，许多专家和学者指出，天然气将成为 21 世纪最具有发展前途和实用前景的汽车发动机代用燃料。大力提倡使用天然气，不仅对环境保护具有重要的意义，而且对能源结构的调整也有着重要的意义。

1.1 天然气在能源结构中的地位和物化特性

1.1.1 天然气在能源结构中的地位

天然气是世界上继煤和石油之后的第三大天然能源。全球天然气资源十分丰富，常规天然气资源量估计为 400 万亿~600 万亿立方米。按年开采 2 万多亿立方米计算，可供开发 200 多年，天然气将成为 21 世纪的主导能源，并在满足世界能源需求方面发挥着越来越重要的作用[1]。我国天然气资源丰富，目前总资源量约为 85 万亿立方米，陆上天然气为 29.9 万亿立方米，近海天然气为 8.1 万亿立方米，煤层气为 32.6 万亿立方米。陆上天然气集中在 62 个盆地，其中 78%集中在四川盆地、陕甘宁地区、青海-甘肃地区和新疆的准噶尔盆地。10 个海上盆地，大多集中在南海和东海。据分析，全国常规天然气资源中，最终可采储量为 14 万亿立方米。尽管我国有丰富的天然气资源，但目前天然气只占能源结构的 2.5%[2]，远低于 23%的世界平均水平。因此，开拓天然气在城市中的应用领域势在必行。作为提供动力的天然气发动机是推广天然气应用的一个突破口，一方面要从理论和实践上优化天然气发动机的性能，另一方面就是拓宽它的应用。

1.1.2 天然气的物化特性

天然气是一种无色、无味、无毒且无腐蚀性的优质气体燃料，它产于石油产区或单纯的天然气田。其组成依产地不同而有差异，和石油产在一起的天然气中含有石油蒸气，被称为伴生气或石油气，它含有较多的重烃。纯粹气田的天然气因不含石油蒸气被称为干天然气，其主要成分为甲烷，其次为乙烷等饱和碳氢化合物。天然气的主要成分是甲烷（85%~95%）和少量的乙烷、丙烷等，还有少量的氮气、二氧化碳和硫化物[3]，其成分示例如表 1-1 所示[4]。

为了更好地了解天然气的物化特性，表 1-2 比较了天然气与其他几种汽车常用燃料的主要物化性质。

通过表 1-2 对比和分析这些燃料的异同，可以得出天然气作为发动机的燃料有以下特点：

◇ 表1-1 天然气成分[4]   单位：%

名称	CH_4	C_3H_6	C_3H_8	C_4H_{10}	C_mH_n	H_2	H_2S	CO_2	N_2
气田天然气 (四川)	97.20	0.70	0.20	—	—	0.10	0.10	1.00	0.70
油田伴生气 (四川)	88.59	6.06	2.02	1.54	0.06	0.07		0.20	1.46
大庆天然气	91.05	1.64	2.70	2.23	1.09	—	—	—	—

◇ 表1-2 天然气与其他几种汽车常用燃料的主要物化性质比较

项目		天然气(甲烷)	90#汽油	0#柴油
分子式		含 C_1~C_3 的 HC，主要成分是 CH_4	含 C_5~C_{11} 的 HC	含 C_{15}~C_{23} 的 HC
H/C 原子比		4	2.0~2.3	2.0~2.3
密度(液相)/(kg·m⁻³)		424	700~760	780~860
沸点/℃		−161.5	35~205	180~360
凝点/℃		−182.5	<−100	0
低热值/(kJ·kg⁻¹)		50050	43900	42500
混合气热值/(kJ·m⁻³)		3390	3730	3790
辛烷值/RON		130	90	
着火极限/%		5~15	1.3~7.6	1.5~8.2
着火温度(常压下)/℃		537	390~420	350
火焰温度/℃		1918	2197	
火焰传播速度/(cm·s⁻¹)		33.8	39~47	
理论空燃比	质量比	17.25	14.8	14.3
	体积比	9.52	8586	9417

① 安全性好且运行成本低。天然气相对密度较空气小，约为 0.58，一旦发生泄漏，会很快在空气中消失；天然气运行成本方面，如不计充气站的投资，有的地区天然气的运行成本只为汽油的 25%~30%，比煤气便宜 34%~88%，比液化石油气便宜 38%~52%，比电力便宜 63%~80%。

② 天然气使用特性好。由于天然气不含汽、柴油中存在的胶质，因而在燃烧中不会产生如汽、柴油燃料中胶质产生的积炭。

③ 降低污染物排放。甲烷分子结构中只有 C—H 键，没有 C—C 键，有利于减少燃烧生成的烟度和微粒。天然气在常温下为气态，以气态进入内燃机，燃料与空气同相，混合均匀，燃烧比较完全，可大幅度降低 CO 和非甲烷 HC 的排放量，并彻底改善微粒

排放污染。由 H/C 原子比可以看出，天然气（甲烷）分子中的含氢量高，因此在释放单位能量的前提下，燃用天然气时的温室气体 CO_2 的排放量比传统汽油少 30%以上[5]。

④ 天然气的可燃混合气着火界限宽。天然气与空气混合后的工作混合气具有很宽的着火界限，其可燃混合气过量空气系数的变化为 0.6~1.8，可在大范围内改变混合比，提供不同成分的混合气。天然气的宽着火界限特性，可以通过采用稀薄燃烧技术，进一步提高汽车的经济性和环保效益。

⑤ 与传统的发动机燃料汽油与柴油相比，天然气着火温度较高，且火焰传播速度较慢，因此对于点燃式发动机来说，需要有较高的点火能量。

⑥ 抗爆震性能高。天然气的主要成分是甲烷，用研究法测得的辛烷值为 130，具有很强的抗爆震性，所以天然气不需要添加抗爆剂，具有采用高压缩比以提高汽车动力性和经济性的潜力。因此天然气发动机的压缩比大于汽油机，许用压缩比可达 15，可以获得较高的发动机热效率[6]。

⑦ 天然气的质量低热值略高于汽油和柴油，但由于天然气的相对分子质量小，因此它的理论混合气热值低于汽油与柴油，而且随着甲烷含量越高，低热值相差越大。

1.2　天然气发动机的发展历程及前景

天然气作为一种被大众认可的发动机优质清洁燃料，日益受到各大发动机生产厂商的青睐，但从天然气开始作为发动机燃料到真正普及推广也是经历了漫长的发展历程。面对当今能源短缺与环境污染两大问题，天然气以其丰富储量及自身优良的物化特性，有着良好的发展应用前景。

1.2.1　天然气发动机的发展历程

用压缩天然气（CNG）作为车用发动机燃料始于 20 世纪 30 年代的意大利，但那时由于携带及补充不便，CNG 汽车并没有真正发展起来。一直到 20 世纪六七十年代，CNG汽车在苏联、意大利等少数国家和地区有所发展，主要目的是以气代油，节约石油能源。这一时期的技术研究主要是解决车辆的驾驶性能，如启动性、运行可靠性等，尽量缩小与液体燃料发动机的各种性能差距，特别是动力性差距。此时开发的是用于化油器汽车的机械控制化油器式混合器 CNG 发动机装置。20 世纪 60 年代以后，因环境恶化的现象频频发生，人们开始逐渐注意汽车的排气污染问题。而 20 世纪 70 年代的石油危机，使西方国家特别重视能源问题。这样，天然气作为一种在世界范围内储量丰富、燃烧清洁的绿色能源而成为改善尾气污染、调整能源消耗结构的重要一环。正是在这样的背景下，各国政府、汽车公司纷纷把目光投向天然气发动机，加快了对天然气发动机的开发研究，促进了天然气发动机的第一次大的技术进步。为进一步降低有害排放物，人们先后开发了用于开环控制供气的化油器式汽车及开环控制的电喷供气装置，开发出了较为环保且比第一代更为先进的天然气汽车。20 世纪 90 年代以后，随着各国排放法规的日益严格，对天然气发动机的研究也进入一个新的阶段。CNG 汽车产业不断对发动机进行改造，开发出更先进的闭环电子控制、单点与多点电喷、高压直喷的燃气供给系统[7]。

我国对天然气发动机的研究起步并不晚，早在 1935 年，四川省自贡市就改装过燃用天然气的内燃机。1962—1965 年，设在自贡的长春汽车研究所第三试验站，曾利用当地天然气井口的高压气，直接向两辆解放牌汽车上的氧气瓶充气，进行了 2.5 万千米的 CNG 汽车的道路试验和发动机台架试验，并于 1966 年年初通过省级鉴定，从此揭开了我国 CNG 汽车开发和应用的序幕。后来，由于未解决好充气设备和高压轻质气瓶的配套生产问题，CNG 汽车在我国中断了整整 20 年[8]。1988 年，四川石油管理局从新西兰引进充气装置和天然气汽车的改装部件，并在南充建立了 CNG 加气站，成为全国首先使用 CNG 汽车的单位。1998 年，我国成立了燃气汽车协调领导小组。1999 年起在我国开始实施空气净化工程，其中主要内容之一是清洁汽车行动，批准了北京等 12 个省市为清洁汽车行动示范城市，特别是在公交车和出租车行业推广使用燃气汽车，我国天然气汽车进入了较快的发展阶段。1999 年年末，全国已改装燃气汽车数万台，建立加气站 70 余座，北京市发展较快，北京市公交总公司 1998 年改装了 200 台液化石油气公交客车，1999 年引进美国康明斯公司单燃料压缩天然气发动机 300 台，并已装车使用，2000 年同样采用康明斯的天然气发动机，改装公交车约 1000 辆。到 2000 年年底，我国已拥有燃气汽车 8 万辆。2004 年，东风汽车公司又研制成功我国第一台具有自主知识产权的单一燃料天然气发动机，该发动机采用了电控 CNG 喷射技术、增压中冷技术、高能顺序点火技术和稀薄燃烧技术等高新技术[9]。

1.2.2　天然气发动机的发展前景

由来自产业信息网的"2020 年中国天然气汽车行业产销规模及发展方向分析"可知，随着技术的不断发展和政策的支持，我国的天然气汽车产量增长迅速。截至 2020 年，中国天然气汽车年产量为 142827 辆。近几年的天然气汽车产量如图 1-1 所示。

2017 年，我国天然气汽车保有量仅约为全国汽车保有量的 2.56%，远远低于一些发展中国家天然气汽车保有量水平。伊朗天然气汽车保有量占其国家汽车保有量的 20%，巴基斯坦更是高达 60%。

近年来，我国天然气汽车保有量虽然增长较快，但由于在总体技术上缺乏对天然气发动机控制系统的研究和试验，使我国在该技术领域与国外水平相比仍有很大的差距，因此必须重视发展天然气发动机技术，摆脱对国外发动机技术的依赖，提高本国天然气发动机的科技含量，达到充分发挥天然气燃料优势的目的。

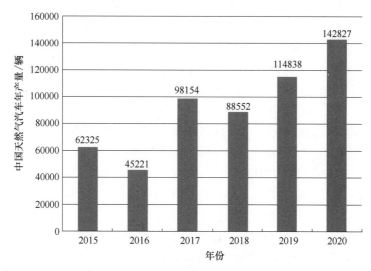

图 1-1　2015—2020 年中国天然气汽车产量

1.3　天然气发动机国内外研究状况

天然气发动机有多种不同的分类方式，可以从使用燃料的方式、燃烧方式以及燃料供给方式等多方面进行分类。本节首先介绍天然气发动机的不同分类，然后从不同分类角度对国内外的研究状况进行详细归纳总结。

1.3.1　压缩天然气发动机的分类

自 20 世纪 30 年代第一台天然气发动机问世以来，经过多年的发展，天然气发动机技术已日趋成熟。由于天然气发动机多是在柴油机或汽油机基础上改型而来的，再加上天然气发动机应用区域较广、在技术水平及资源使用环境和气体品质等方面存在较大差别，因而形成了目前天然气发动机在燃料供给及操作控制上呈现出参差不齐的局面。

天然气发动机的分类方法有多种，从不同的角度考虑可以分为不同的类别。通常可以按以下方式分类。

① 按天然气发动机的着火方式分类，可分为点燃式 CNG 发动机、燃油引燃式 CNG 发动机、压燃式 CNG 发动机。

② 按天然气发动机可燃用的燃料种类和方式分类，可分为单燃料 CNG 发动机、双燃料 CNG 发动机、两用燃料 CNG 发动机。

③ 按天然气发动机的空气进气方式分类,可分为自然吸气 CNG 发动机、增压 CNG 发动机。

④ 按供气方式分类,可分为混合器供气式 CNG 发动机和电控气体喷射式 CNG 发动机。

⑤ 按天然气发动机的控制方式分类,可分为机械混合器式 CNG 发动机、简单控制 CNG 发动机、电控喷射 CNG 发动机。对于电控喷射 CNG 发动机,按燃气喷射方式分类可分为缸外喷射 CNG 发动机、缸内直接喷射 CNG 发动机。缸外喷射 CNG 发动机又有单点喷射 CNG 发动机和多点喷射 CNG 发动机,单点喷射是指在发动机进气总管节气门前喷射天然气,多点喷射是指在每一气缸的进气口处单独向每一气缸喷射天然气。

⑥ 按天然气发动机燃烧的混合气空燃比不同,可以分为理论空燃比燃烧模式 CNG 发动机和烯薄燃烧(简称稀燃)CNG 发动机。

⑦ 根据燃烧室形状的不同,又可以分为开式燃烧室式 CNG 发动机和分隔式燃烧室式 CNG 发动机。

下面主要从按天然气发动机燃用的燃料种类和方式分类出发,从燃料种类、燃料供给及控制过程和燃烧过程的分类角度阐述在天然气发动机的发展过程中,国内外天然气发动机研究和应用的历程及状况。

1.3.2 两用燃料天然气发动机

两用燃料天然气发动机主要是在汽油机的基础上保持原机的供油系统,另外经改装增加一套压缩天然气的供给装置,天然气燃料供给与控制系统的技术水平一般和原汽油机的燃料系统相一致。发动机只能应用一套燃料供给系统,采用任何一种燃料——天然气或者汽油,发动机都能正常工作。国内的两用燃料天然气发动机主要以机械式混合器控制系统为主,并逐渐出现了电控混合器式控制系统。因其改制较简单,排放污染低以及价格优势,目前在国内富气贫油地区的出租车行业应用广泛,如四川、新疆等。一汽集团研制的 CA6102Q 型汽油机改装为天然气-汽油发动机,对发动机的燃烧室、压缩比、进排气道等均未改变,燃用天然气时,发动机的最大功率及最大扭矩分别达到使用汽油时的 80% 和 86%;CA6102N-1 型天然气-汽油发动机,改进了进气道结构,压缩比从原来的 6.75 提高到 7.6,燃用天然气时,最大功率及最大扭矩分别达到原汽油机的 92% 和 90%。机械系统在欧美市场基本被淘汰,而代之以电控方式的天然气供给系统。如美国的 IMPCO、ANGI、BKM 及荷兰的 DELTEC 公司等都开发了电控系统,这些公司将微处理机用于转换系统,使全系统达到天然气与空气最佳混合[10,11]。由于汽油-天然气两用燃料发动机是在原汽油机的基础上设计改装成的,对天然气而言,发动机结构与参数往往并不是最佳的,如压缩比、进排气道、燃烧室型式及点火系统等基本没有进行相对于天然气的最优调整与设计。两用燃料天然气发动机不能充分发挥天然气作为发动机燃料的优越性，不可能获得令人满意的动力性、经济性和排放性，汽车使用天然气时，发动机的工作过程并非最佳。

1.3.3 双燃料天然气发动机

双燃料天然气发动机主要应用在压燃式发动机上，绝大多数由柴油发动机改装而成，即气体燃料是通过少量喷入的柴油经压燃后引燃的。这种发动机既能以柴油/天然气双燃料方式工作，也能以纯柴油方式工作。根据引燃油量的多少，柴油/天然气双燃料发动机可分为常规柴油/天然气双燃料发动机和微引燃天然气发动机，微引燃天然气发动机的最小引燃油量小于发动机满负荷工作时最大油量的5%。

在改装技术发展初期，双燃料天然气发动机主要采用机械式燃料供给装置，在进气总管上安装混合器，天然气与空气混合后进入气缸，燃气压力由与加速踏板联动的机械装置调节，燃气的压力高低控制气体燃料的供给量，引燃油量由原来的机械式喷油泵控制。全负荷时，天然气在所消耗的燃料总量中占较大比例，中小负荷工况下天然气替代柴油的比例较小，而怠速工况一般运行在柴油单燃料状态。由《汽车工业》1988年第10期的资料表明，由乌克兰科学院天然气研究所和基辅汽车公路研究所研制的ЯМ3-240НГЛ柴油/天然气双燃料发动机，是由ЯМ3-240НГЛ柴油机改装而成的，天然气与柴油采用联动控制机构，改装前与改装后的发动机进行比较，ЯМ3-240НГЛ柴油机每百公里耗油量为168.7L，ЯМ3-240НГЛ双燃料发动机的每百公里的燃料消耗量为：柴油消耗量92.8L，天然气消耗量157.6m³，天然气对柴油的替代率为45%[12]。到20世纪90年代初，国外推出的双燃料天然气发动机开始采用电子控制技术。在进气总管上安装电控混合器或天然气喷射阀，通过采集转速、进气管压力和温度、冷却水温度等信号作为燃料供给量的判据。

美国卡特彼勒（Caterpillar）公司的Caterpillar 3208柴油/天然气双燃料发动机是比较典型的电控双燃料发动机。电控单元（ECU）根据发动机的转速、冷却水温度、加速踏板位置等状态参数，确定柴油喷射泵齿杆和天然气流量控制阀开度，从而控制引燃油量和天然气的流量。这种双燃料发动机存在的缺点是不能精确控制进入各缸的天然气量，对工况变化响应迟缓，低负荷时的燃料经济性和排放性能较差。

BENX OM352双燃料发动机是多点电喷双燃料发动机的一个典型例子。在其电控单元中存有柴油/天然气双燃料和纯柴油两种工况下的脉谱图（MAP图），主要完成发动机的起动、怠速、喷射定时、空燃比、调速特性等控制功能[13]。加州圣地亚哥市的Clean Air Partners公司与动力系统协会共同研制了可用在10.3L卡特彼勒3176B重型货车柴油机上的多点喷射的双燃料电子控制系统，柴油和天然气电子控制装置的计算机控制系统用的是同一种控制逻辑。两个装置在每一工作循环中的燃料喷向每一气缸时都使用脉冲宽度调制过的同步逻辑信号，简化了所需的软件信息交流。整个系统在任何时候都控制着点火定时及两种燃料的供给量和空燃比，发动机根据需要能转换为 100%燃用柴油。在许多工作点上，这种发动机也能在天然气用量超过 90%的条件下进行工作，而在多数使用条件下天然气的平均用量为 80%[14]。

为了降低尾气排放，提高柴油替代率，应在获得良好的喷射特性和燃烧特性的基础上尽可能地减小引燃柴油量。通常最小引燃油量小于发动机满负荷工作时最大油量的 5%。

双燃料天然气发动机也称为微引燃天然气发动机。美国 BKM 公司研制了具有先进水平的"微引燃"双燃料系统[15]，用接近 1%的引燃柴油为引燃天然气提供所需的点火能量。该系统的核心是引燃油供给采用 Servojet 电控液压泵喷嘴技术，天然气供给采用多点电子控制顺序喷射装置。该系统采用了断缸、增压空气旁路、废气再循环及优化引燃油的喷射正时等措施，使发动机在所有工况范围内，天然气在所消耗的燃料总量中对柴油的替代率超过 95%，废气排放质量达到了 1994 年的加州排放标准。1997 年加拿大 Westport 公司研制了一种采用油气共用高压喷射器的"微引燃"双燃料系统[16,17]。该系统采用油气共用高压喷射器，喷射器中有两个同心的针阀，一个控制引燃柴油，一个控制天然气，如图 1-2 所示。采用该技术对 DDC6V-92 发动机改装后，当采用

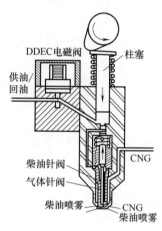

图 1-2　高压喷射器

13MPa 天然气喷射压力时，热效率比原柴油机提高了 5%，NO 排放降低 60%，HC 排放低于原柴油机。

国内的双燃料天然气发动机主要是常规引燃发动机，关于微引燃方面的文献较少。1985 年，四川石油管理局川中矿区与南充地区农机所合作开展了柴油/天然气双燃料发动机的研究，开创了国内对柴油/天然气双燃料的研究先例。1986 年，研制了小型 S195和 4125 两种发动机，1987 年，立项研究将非增压 6250 柴油机改造成双燃料发动机，经过两年的研究和试制，获得成功。紧接着又研制增压型双燃料发动机，并于 1991 年 12 月使 PZ8V190D-2-s 天然气/柴油双燃料发动机通过了局级技术鉴定[18,19]。此时双燃料发动机采用的是机械式燃料供给装置。1999 年，吉林工业大学的高青等人发表了"天然气/柴油双燃料发动机电控喷气技术的研究"一文，其喷气控制示意图如图 1-3 所示，气体喷射器的开闭和空气量的调节均由控制系统依据发动机转速、空气流量、天然气供气量、排气温度和脉谱图实施控制，并在 ZH1105W 发动机上进行了发动机性能试验[20]。天津大学与杭州汽车发动机厂合作针对一台由涡轮增压中冷直喷式柴油机改装的顺序喷射、稀薄燃烧、全电控柴油/天然气双燃料发动机进行了着火与失火及其影响因素的研究，采用停缸技术较好地解决了双燃料天然气发动机中小负荷运转性能不良的问题，在国内较早采用了全电控、气口顺序喷射并采用稀薄燃烧的组织策略[21]。襄樊学院的汪云和北京理

工大学的张幽彤等人于 2004 年对 F6L912Q 型风冷柴油机进行了双燃料天然气发动机改造，验证了多点顺序喷射的可行性[22]。2007 年，浙江科技学院的程峰等人针对 6105ZQ 增压中冷发动机开发出了 6105ZQS 柴油/天然气双燃料发动机[23]，得出替代率高于 85% 时，CO 随着替代率的增大而增加的结论。随着天然气替代率的增加，最高爆发压力和最大压力升高率变小，缸内温度降低，排气噪声也降低。

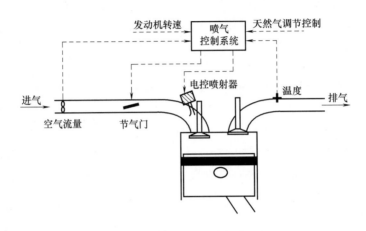

图 1-3 电控喷气控制示意图

双燃料天然气发动机同时使用两种燃料，发动机运行时需根据负荷的变化对引燃油量和天然气供给量进行调节控制，在小负荷稀混合气时，燃烧恶化，CO 和 HC 排放增加，热效率下降，不能从根本上解决发动机的排放问题。随着对排放的要求及发动机性能要求不断严格以及协调控制的复杂性使人们感到不便，其发展必然受到限制。

1.3.4 单燃料天然气发动机

为了充分发挥天然气作为汽车燃料的优越性，很多公司开发生产了天然气专用发动机，即单燃料天然气发动机。单燃料天然气发动机是指仅用天然气作为发动机燃料而不再用其他燃料的发动机。单燃料天然气发动机结构需要根据天然气的物化特性进行设计和优化。通过增强缸内紊流、提高压缩比、调整点火参数等方式提高发动机的工作效率。

单燃料天然气发动机根据其点火方式可分为压燃式天然气发动机和点燃式天然气发动机。

1.3.4.1 压燃式天然气发动机

压燃式天然气发动机根据燃料的供给方式不同又可分为非均质压燃式天然气发动机和均质压燃式天然气发动机。

　　非均质压燃式天然气发动机采用缸内直喷的燃料供给方式，即在压缩上止点前用高压方式喷入天然气，在压缩结束时使天然气自行着火，实现非均质混合气扩散燃烧。因甲烷的自燃温度较高，为使天然气可靠着火，一般需要助燃措施。目前最常用的助燃措施为采用电热塞。国外 Vilmar 等人也在这方面进行了研究[24]。卡特彼勒发动机研究所在 3500 柴油机的基础上开发了高压缸内直喷式天然气发动机 3501，使用该所研制的甲醇发动机电热塞对 HEUI 泵喷嘴重新设计，使用发动机润滑油作为喷射器工作油，增加了一个油泵，其工作油压力达到 21MPa，天然气喷射压力为 19MPa[25]。HEUI 电控系统可对天然气喷射进行定时定量的灵活控制。在标定工况下，3501 直喷式天然气发动机热效率超过原柴油机，无可见烟排放，NO_x 排放比同型柴油机低，燃料经济性明显优于原柴油机。

　　尽管天然气高压缸内直喷的非均质压燃天然气发动机不需要节气门，不存在节气门节流损失和进气过程中因天然气密度低、占用体积大而引起的容积效率损失，但是，在非均质压燃式天然气发动机中，天然气喷射器要求流量大、响应快速、密封性好，因此提高天然气高压喷射器在燃烧室内的工作可靠性及提高电热塞的助燃效率，成为目前急需要解决的技术问题。目前，这种天然气发动机还没有在市场上销售。

　　均质压燃式天然气发动机是指天然气发动机在混合气着火之前，在燃烧室内已经形成了均质混合气，主要进气方式为天然气在进气管中与空气预混合后进入气缸。对均质混合压缩着火天然气发动机在四行程发动机的研究开始于 20 世纪 90 年代，美国劳伦斯利弗莫尔国家实验室、密歇根大学、日本庆应义塾大学、伯明翰大学、加利福尼亚大学、卡特彼勒公司等单位都相继开展了这一领域的研究。

　　国内对压燃式天然气发动机的研究主要以天津大学的张惠明教授、张德福博士和郑清平博士等人为主，将均质压缩着火的基本思想作为所研究的压缩着火天然气发动机燃烧系统的设计基础，进行了天然气发动机的研制和开发工作。将原型机 195 柴油机进行改型设计，对其供气系统、进气预热装置、EGR 系统和燃烧助燃剂供给系统进行设计，并在设计的天然气发动机上进行了试验研究。该研究采用分隔式燃烧室结构，如图 1-4 所示，供气方式为复合供气，如图 1-5 所示。

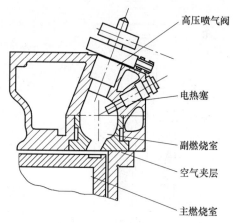

图 1-4　分隔式燃烧室结构示意图

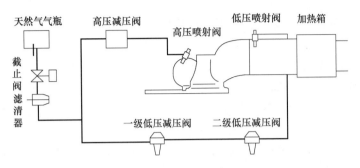

图 1-5　复合供气系统原理

均质压燃式天然气发动机燃烧过程主要受到化学现象即燃烧化反应动力学控制，因此着火时刻控制困难、燃烧稳定性差、HC 和 CO 排放较高、功率范围有限等技术难点是限制其实用化的绊脚石。但由于均质压燃式天然气发动机有众多性能上的潜力，如发动机热效率高、NO_x 和碳烟热排放低等优点，使得均质压燃式天然气发动机正成为国内外发动机领域研究的热点。

1.3.4.2　点燃式天然气发动机

由于天然气的辛烷值高，燃烧稳定性好，且自燃温度高，在常压下达 537℃，因此，对单一燃料天然气发动机着火方式采用点燃方式较多。一般开发方式是在原汽油机或柴油机的基础上进行改装。

（1）以汽油机为原型机的天然气发动机的研究

在汽油机的基础上开发的天然气发动机，由于天然气的辛烷值较汽油高，其燃烧稳定性好，因此对于由汽油机为原型机改装的单燃料天然气发动机，可增大其压缩比来弥补功率的损失，燃料喷射多采用电控多点喷射。

以汽油机为原型机开发天然气发动机的各大汽车公司主要有本田公司、丰田公司、日本尼桑、美国福特公司等。本田公司于 1992 年在美国加州洛杉矶的汽车展览会上首次亮相由雅阁（Accord）系列改装的天然气发动机驱动的轿车[26]。该轿车用发动机为直列四缸 16 气门水冷发动机，为降低排放，本田公司对该机进行改造时，在原汽油电子喷嘴 PGM-FI 基础上开发了天然气专用电子控制式燃料喷射装置 PGM-GI，其喷嘴示意图如图 1-6 所

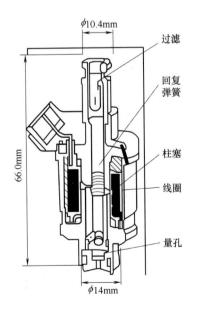

图 1-6　电子控制喷射喷嘴

示。采用闭环控制系统，安装了两个尾气催化转化器，应用了废气再循环（EGR）技术。该机的压缩比为 8.8∶1，改型后的天然气发动机与原型汽油机相比，功率由原92kW 降到 81kW，最大扭矩下降了 25.5N·m，但排放水平达到车辆进入美国排放法规所严格要求的标准。

1997 年，本田公司在思域（Civic）1.6L 轿车基础上成功研制了集排气净化新技术的全世界较高级净化水平的专用压缩天然气汽车思域 GX。所采用的天然气发动机以1.6L 4 缸汽油机为基础，采用可变气门定时和升程的电子控制（VTEC-E）机构。改进了火花点火系统，发动机的点火定时可按所有运转条件设定最佳扭矩的最小提前角（MBT），该天然气发动机使用了 O_2 反馈三元催化系统。为提高发动机功率和燃料经济性，将压缩比从 9.4 提高到 12.5。试验结果功率为 84.6（kW）/6500（r/min），比原汽油机提高 6.6kW，排放仅是美国超低排放标准（ULEV）限值的 1/10[27]。

丰田公司与爱三株式会社于 1999 年联合公布了其研制出的用于丰田佳美（Camry）轿车上的单燃料天然气发动机，其排放达美国加利福尼亚州 1998 年 11 月规定的 SULEV尾气排放标准。该发动机的尾气排放控制系统如图 1-7 所示。该图可以代表大多数由汽油机改型的天然气发动机的尾气排放控制系统。应用的技术有三元催化转化器、闭环控制和 EGR 技术。

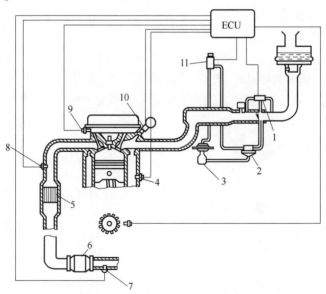

图 1-7 尾气排放控制系统[28]

1—怠速空气控制阀；2—EGR 真空调节器；3—EGR 阀；4—冷却水温度传感器；5—三元催化转化器 1；6—三元催化转化器 2；7—热氧传感器；8—空燃比传感器；9—凸轮位置传感器；10—喷射器；11—真空控制阀

中国一汽集团研制的 CA6102N-2 型天然气发动机，改进了进气道结构，压缩比从原来的 6.75 提高到 8.8，最大功率及最大扭矩分别达到使用汽油时的 95% 和 94%。吉林工业大学❶在单缸风冷 175F 汽油机基础上进行了电控天然气缸外及缸内喷射技术及燃烧过程的研究工作,通过提高压缩比及缸内喷气技术,可以恢复天然气发动机的功率[4,29]。

（2）以柴油机为原型机的天然气发动机的研究

随着城市车辆增多,环境污染日益严重,城市公交车用柴油机改装为天然气发动机已势在必行。在柴油机基础上开发的天然气发动机,首先需适当降低其压缩比。一般天然气发动机的压缩比可在 12 左右。由于天然气燃料的火焰传播速度比汽油慢,仅为33.8cm/s,因此不论是由汽油机改装的还是由柴油机改装的天然气发动机,其燃烧系统都需要进行优化设计。例如,可以通过对燃烧室形状进行改进设计,增强缸内挤流与紊流,提高天然气的燃烧速度;采用高能点火,调整点火参数等技术方案。由柴油机改装的单燃料天然气发动机,采用技术主要有稀燃、电控单点喷射;排放策略主要采用的是稀燃技术加氧化催化剂方案降低排放。

国外对车用柴油机改装成天然气发动机的研究开始得较早,据有关资料报道,改造成电火花点火式天然气发动机的机型有较多已投放市场,如依维柯 8220 及 8460TC 型、康明斯 B5.9-195G 型、日本的 4BEI 型、卡特彼勒 3306 型及福特 380 型等[30,31]。

美国康明斯（Cummins Engine）公司的 B5.9G 电子控制发动机是在 B5.9 直列六缸柴油机的基础上改装而成的。发动机的各缸加装了一个火花塞,采用高能点火系统和稀燃工作方式,为提高动力性采用了废气涡轮增压和中冷技术。发动机系统简图如图 1-8所示。为避免爆燃,将压缩比从原机的 17 降到 10.5,因混合气在进气道可形成较强的涡流,应用了浅型的活塞顶部燃烧室结构,如图 1-9 所示。B5.9G 天然气发动机是第一个达到 1999 年美国国家环保局（EPA）清洁燃料车队（CFFV）低排放车辆（LEV）标准认证的天然气发动机,同时也是第一个接受 EPA 和加州空气质量委员会认证的 6L 重

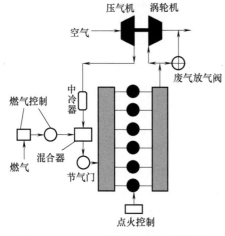

图 1-8　B5.9G 天然气发动机系统简图

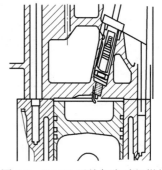

图 1-9　B5.9G 天然气发动机燃烧室

---

❶ 吉林工业大学于 2000 年合并入吉林大学。

型发动机，其指标远远低于 1998 年 EPA 高速公路重型卡车和公共汽车排放标准（包括 NO_x 排放标准）[32-34]。

我国东风汽车公司、玉柴机械股份有限公司、上海柴油机股份有限公司、山东潍坊柴油机有限公司，以及天津大学、吉林大学、北京理工大学等单位，也都进行了车用单一燃料点燃式天然气发动机的研制和开发，且已有多种机型在市场上出售和应用[35-38]。

1.3.4.3 点燃式天然气发动机供气方式

发动机的供气方式可分为缸外供气、缸内直接喷射供气和复合供气三种方式。

（1）缸外供气

缸外供气方式是指天然气在进气管或进气道与空气混合，然后进入气缸。缸外供气又可分为机械控制混合器供气、电控混合器供气、电控单点喷射（SI）和电控多点顺序喷射（MPI）。

① 机械控制混合器供气。在天然气发动机改装技术发展初期，主要采用这种供气方式。天然气经减压阀等装置按一定的压力进入混合器，由混合器对空燃比进行控制，燃气和空气按固定的比例通过机械式控制混合器进入气缸。

这种机械控制混合器方案结构简单，成本较低，是天然气发动机开发早期应用的主要方案，现在仍有部分厂家应用。但是该供气方式无法进行闭环控制，难以精确地控制空燃比，因此很难达到较高的排放控制水平，不能充分发挥天然气改善排放性能的潜力。

② 电控混合器供气。电控混合器供气就是在机械控制混合器基础上加装电控执行器，将发动机的转速、进气歧管压力等信号传送到发动机电控模块，电控模块发出调节信号到控制电磁阀或其他流量控制装置，来控制天然气的供应量，然后在混合器中与空气混合。这种装置根据不同的工况能较准确地控制 CNG 的供应量，因而能达到较好的效果。

奔驰公司的 1996 版 CNG 汽车 M366LAG 采用电控混合器供气，由于闭环控制需要宽域氧传感器，因此在当时控制策略为稀燃开环控制，排放水平低于欧 II 的 50%，甲烷值大于 75 的天然气便可使用[39]。国内上海柴油机厂和东风南充汽车公司也均进行过电控混合器供气的研究[40]。

③ 电控单点喷射（SI）。电控单点喷射就是用喷射器来取代燃气流量计量阀，直接将天然气喷在节气门前，这种方式与电控混合器供气方式相比，燃料量控制更为精确，可以达到比较准确的空燃比，从而达到更清洁的排放。相对于多点喷射，单点喷射可以采用更低的喷射压力和较少的喷嘴数量，可以消除由于喷嘴一致性差导致的发动机性能恶化，能满足较严格的排放法规，具有结构简单、成本低的特点。因此，目前国内市场上应用单点喷射较多。

如康明斯 B5.9G 天然气发动机中，采用稀薄闭环稀燃电控单点喷射系统，并装配具有高性能的线圈火花塞一体的点火装置的 CM42Q 电子控制模块管理点火系统，可自动调节空气与天然气的配比，使空燃比为 27：1[34]。奔驰公司 1999 年生产的天然气汽车 M366LAG 采用闭环稀燃电控单点喷射，喷射器将纯天然气喷到节气门处，通过电控系统，自动调节燃气喷射量，大大降低了气体质量变化的影响，试验结果表明，甲烷值大于 65 的天然气即可使用[39]。Woodword 公司的稀燃控制系统 OH1.2 为电控单点喷射，可以使采用此系统的天然气发动机达到欧Ⅳ排放水平。国内，上海柴油机厂开发的 T6114 系列 CNG 发动机采用成熟的单点喷射系统，可根据发动机工况变化对空燃比和点火提前角等运行参数实现精确控制，通过电子节气门实现两级调速，使该系统具有完备的故障自诊断功能和抗震、抗电磁干扰能力，具有良好的经济性［最低气耗率 192g/（kW·h）］，排放达到欧Ⅲ标准[40]。本书中的研究项目是与东风南充汽车公司合作开发的 NQ6102 增压中冷天然气发动机，采用的供气方式为电控单点喷射，在满足动力性、经济性的基础上已达到国Ⅳ排放标准。

④ 电控多点顺序喷射（MPI）。电控多点顺序喷射就是将气体喷射器布置在各缸进气道进气门前端，在缸外进气门处喷射天然气，该供气方式可实现对每一缸的定时定量供气。日本本田公司 1992 年研制的天然气汽车发动机，采用了在电控燃油喷射系统（PGM-FI）的基础上发展的电控多点气体喷射系统（PGM-GI），如图 1-10 所示，该系统喷射压力控制在 127kPa，最大功率与最大扭矩与原汽油机相比分别降低了 12%和 13%，排放与原汽油机相比显著改善，CO 和 HC 分别比燃用汽油时下降了 78%和 80%。

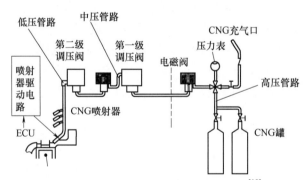

图 1-10　本田天然气汽车燃料供给系统[10]

近些年来，国内对于电控多点顺序喷射的研究较多。2000 年，北京理工大学张付军等人进行了多点顺序喷射的研究，天然气喷射阀选用美国 BKM 公司生产的 SP021 型高速伺服喷气阀，各缸的喷气阀共同安装在一个气轨上，然后由气管引向各自气缸的进气口处，如图 1-11 所示[41]。2002 年，山东建筑工程学院的梁夫友等人针对多点喷射发动机存在着各缸混合气分配不均匀的问题，进行了电控多点燃料喷射天然气发动机天然气喷流的数值模拟，探明了非稳定天然气喷流的内部结构及其对周围空气的影响[42]。2003 年，北方交通大学的陈志军等人在 WD615 柴油机基础上改装设计了电控增压单一燃料

CNG 发动机，并进行了试验研究，该电控系统采用开环与闭环相结合的控制方式，实现了对天然气喷射量和喷射时间的控制，燃料由设在各进气阀处的高速电磁喷射阀按控制指令要求顺序喷入各缸进气道，在与空气初步混合后进入气缸，并在压缩过程中进一步混合均匀。结果表明，采用开环与闭环相结合的控制方式和顺序多点喷射技术，可以改善天然气发动机的排放性能和提高其稳定运行的稀燃极限[43]。2006 年，窦慧莉等人也进行了电控多点喷射天然气发动机的开发[44]，在 CA6DE1-21 柴油机的基础上开发了 CA6SE1-21N 电控多点喷射稀薄燃烧的天然气发动机，该发动机达到了欧Ⅲ排放水平。天津大学的研究工作者也进行了天然气发动机多点顺序喷射电控系统的研究，采用模块化软件设计方法开发了电控多点顺序喷射及高能点火系统控制软件，该控制软件能够实现天然气发动机的喷气时刻、喷射脉宽能及点火能量和点火定时的精确控制[45]。

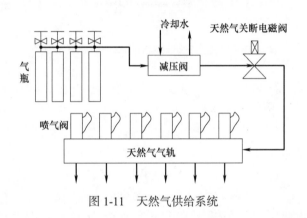

图 1-11　天然气供给系统

　　MPI 理论上各缸混合气浓度均匀，可以实现不同循环的过量空气系数控制，在部分负荷时可采用停缸法改善燃料经济性和排放特性；但 MPI 对喷嘴的一致性要求高，对气体成分和质量要求比较严格，通常进入电磁阀的气体必须保持 0.8MPa 的压力，而且电磁阀的制造工艺复杂。

　　（2）缸内直接喷射供气

　　缸内直接喷射方式可分为低压喷射和高压喷射两种，其示意图如图 1-12 所示。低压喷射是在进气阀关闭后将天然气喷入气缸，形成均质预混合气并采用电火花塞点火，喷射压力通常为 0.2~1.0MPa[46,47]；高压喷射是在压缩冲程的末端将天然气喷入燃烧室，喷射压力通常为 15~19MPa。对于大型发动机和高速发动机，往往采用高压缸内喷射实现较高的燃料供给量[47]。缸内供气方式避免了天然气在进气混合时占有一定体积的缺陷，提高了充气效率。与缸外预混合供气发动机相比，缸内喷射天然气发动机可提高燃料经济性和充气效率。这种供气方式在点燃式及压燃式天然气发动机上都已经有所应用[48]。

　　国内在单一燃料天然气发动机上对该种供气方式的研究始于 20 世纪末。天津大学的方祖华和吉林工业大学的侯树荣等人于 1998 年进行了天然气发动机缸内喷气技术的

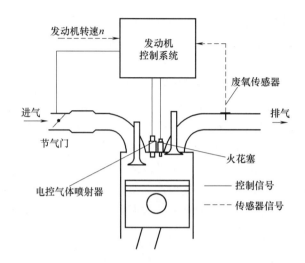

图 1-12 缸内直接喷射天然气发动机原理示意图

研究[49]，试验在 175 汽油机的基础上进行，气体喷射器开启时刻是在压缩行程初期、进气门刚关闭之时，喷射器关闭时刻最晚为火花塞点火时刻，天然气的喷入是在压缩行程内完成的，结果表明，缸内直接喷射技术可完全解决天然气发动机充气效率下降的问题，并可大幅度恢复发动机功率，天然气发动机排放性能明显优于汽油机。2003 年，西安交通大学的黄佐华等人利用高压喷射装置研究了天然气缸内供气参数、火花塞位置对发动机燃烧及排放的影响[50-52]。2005 年，上海理工大学的张振东等人进行了火花点火天然气发动机控制系统设计与试验研究[53]，在 175F 汽油机基础上改进设计的天然气发动机，采用 ECU 控制气体喷射器直接向气缸内喷射天然气，并在进气门刚关闭时开始喷射，在火花塞点火之前结束喷射，提高了发动机的充气效率和输出功率。

（3）复合供气

复合供气方式主要应用于带预燃室的天然气发动机，同时采用缸外预混合供气和缸

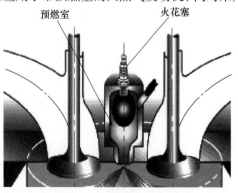

图 1-13 西南研究院燃料喷射预燃室（FIPC）

内高压喷射供气两种方式。美国西南研究院开发的称为燃料喷射预燃室（FIPC）的气体燃料喷射系统，如图 1-13 所示，该系统供气方式为复合供气方式，部分负荷时，通过单独向预燃室喷射天然气并点火；高负荷时，在向预燃室内喷射纯天然气的同时，采用进气道低压供气，使主燃室内形成稀薄均质可燃混合气。通过复合供气，改善天然气发动机性能，在燃烧室内形成混合气浓度分层，可有效地缓解大负荷时的敲缸现象[54]。

1.3.5　天然气发动机稀燃技术

点燃式天然气的燃烧方式可分为当量燃烧和稀薄燃烧（简称稀燃）。如图 1-14 所示，当量燃烧即混合气在理论空燃比下进行燃烧，稀燃天然气发动机即发动机使用的混合气浓度大于理论空燃比。当量燃烧时，NO_x 排放接近峰值，但 UHC（未燃碳氢）排放处于低值，加上三元后处理更易于实现超低排放，但发动机工作在理论空燃比下，受大负荷爆震燃烧限制，发动机局限于平均有效压力运行，排气温度高，可靠性、耐久性以及经济性比稀燃天然气发动机要差，热效率较低。因轿车发动机在较轻的车载负荷下工作，当量燃烧方法成功应用于轿车发动机；而稀燃技术大量被柴油机制造厂在改造趋势设计中优先采用。

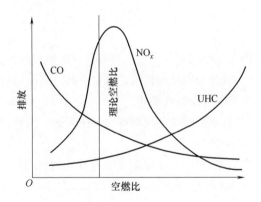

图 1-14　点燃式预混合发动机的典型排放

1.3.5.1　稀燃技术的优越性及其所面临的挑战

（1）稀燃技术的优越性

稀燃技术指混合气在空燃比大于理论空燃比的情况下燃烧，稀燃不仅使燃料能完全燃烧，而且也减少了换气损失，同时降低了发动机的有害排放物。与当量燃烧相比，稀燃技术具有以下优点。

① 排放低。稀混合气在缸内的燃烧温度降低，有利于降低发动机的 NO_x 排放。由

图 1-14 可见，随着混合气变稀，过量空气系数增大，NO$_x$ 排放水平逐渐降低，混合气中富裕的氧气有利于燃料的完全燃烧，减小发动机的 CO 和 HC 排放。在某些情况下，可加装氧化催化器，来降低 UHC 排放。

② 热效率高。随着可燃混合气过量空气系数的增大，其比热比增大，燃烧温度较低，因此一方面可减少与燃烧室壁面的传热，另一方面可减少燃烧产物的分解，有助于完全燃烧。由图 1-15[34]可见，在较稀的区域内有明显提高发动机平均有效压力（BMEP）的能力，从而使发动机效率得到改善。

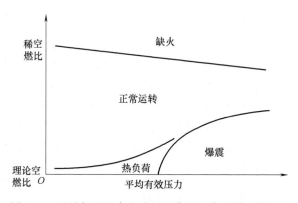

图 1-15　天然气预混合发动机的典型工作区域（恒速）

③ 可靠性高。稀混合气燃烧可使排气温度保持在原机设计可接受的水平，而不牺牲发动机零件的耐久性，因此采用稀燃技术，可保证其可靠性与耐久性。

（2）稀燃天然气发动机所面临的挑战

尽管稀燃技术在改善发动机的经济性和排放方面有很大优势，但在实际应用于发动机时仍然有许多问题亟待解决。

① 点火系统耐久性恶化。对于一定空燃比的混合气，存在着一个最小的点火能量。随着混合气变稀，火花塞周围的燃油混合气浓度降低，最小点火能量迅速增加，点火系统的可靠性降低。

② 燃烧速度慢。由于天然气具有较高的活化能，其火焰传播速度较慢，层流火焰传播速度仅为 33.8cm/s。当混合气变稀时，最小点火能量迅速增加，火核难以形成，不仅使点火困难，而且着火延迟时间加长，火焰传播速度慢，使得完全燃烧更加困难。因混合气变稀时，出现火焰发展时间长和燃烧速度慢等因素，使得发动机最佳点火提前角（MBT）增大。

③ 循环波动大。随着可燃混合气变稀，燃料的低温化学反应时间增加，混合气的燃烧速度降低，导致燃烧稳定性变差，甚至可能出现失火现象。循环变动增加，发动机运转稳定性下降，这不但会降低发动机效率，还会使 HC 排放增加。

1.3.5.2　实现稀燃技术的关键技术措施

（1）提高压缩比

当压缩比较低时，提高压缩比可使热效率迅速提高，同时能够扩大稀混合气的着火界限。这是因为高压缩比提高了充量点火前的温度和压力，从而在做功冲程得到更高的燃烧压力，使得燃烧和混合气膨胀更充分，提高了发动机的热效率，降低了排气温度。一般理论上认为压缩比是一个不变的数值，实际上它与发动机的负荷、转速及配气相位等因素有关。低负荷和怠速时，实际压缩压力减小很多，同时残余废气系数增大，造成部分负荷时经济性恶化。提高压缩比，可以有效地改善点燃式发动机部分负荷时的经济性。

（2）改进点火系统

火花塞的位置对实现速燃和稀燃有很大影响。将火花塞布置在燃烧室中央，不但可以缩短火焰的传播距离、抑制发动机的爆震倾向，以便提高压缩比，而且还可以增大火焰的前锋面积和减小已燃气体与燃烧室壁的传热面积，从而提高燃烧速度和热效率。

随着可燃混合气变稀，所需的点火能量增加，当空燃比达到一定程度时，传统的点火系统已不能保证可靠的点火。失火频率增加，燃烧稳定性变差，因此需要采用多点火、高能点火、宽火花塞间隙以及其他新的点火方式，如等离子体点火、激光点火等来提高点火能量，有利于较强火核形成，加快火焰传播速度和增大稀燃极限。

Mavinahally 等人于 1994 年发布了他们研究的用于稀燃预混式天然气发动机的火炬式点火系统，该系统无论是在稀燃还是在浓燃情况下均能获得优于常规点火系统的稳定的热效率。在稀燃点燃式天然气发动机上采用火炬式点火系统，有效地扩展了天然气发动机的稀燃极限，使在全负荷下的最大空燃比由 23∶1 提高到 25∶1，并能实现稳定燃烧。而且当空燃比小于 23∶1 时，传统型与火炬式点火系统对发动机的 HC 排放影响不大；但当空燃比大于 23∶1 时，传统点火系统的 HC 排放急剧升高，而火炬式点火系统的 HC 排放基本不变。采用新型点火系统后，随着空燃比的增加，有效效率明显提高，如空燃比为 23.5∶1 时采用新型点火系统有效效率比传统点火提高了 3.4%，空燃比为 20∶1 时采用新型点火系统有效效率比传统点火提高了 8%[55]。

Richardson 等人于 2004 年公布了他们研究的传统点火系统和激光点火系统对稀燃天然气发动机性能的影响。研究结果表明，激光点火系统可以使发动机的失火极限显著扩展，空燃比运行范围提高了 46%，NO_x 排放在热效率基本不变的情况下可达传统点火时的 50%，HC 排放与传统的点火系统基本相当[56]。

（3）采用合理的燃烧室形状

燃烧室形状对稀燃天然气发动机燃烧稳定性有很大影响。为提高燃烧稳定性，需提高燃烧速度和点火可靠性，在缸内组织较强的空气运动以增大缸内湍流强度。紧凑型和紊流型燃烧室可以增大火焰前锋面积，加强紊流，提高燃烧速度，同时减小已燃气体与燃烧室壁的接触面积，降低传热损失，是稀燃发动机燃烧室的发展方向。

　　火花点火天然气发动机中，较常用的燃烧室形状为盆形燃烧室，如康明斯的 B5.9G 发动机，压缩比为 10.5。考虑到缸内有较强的进气道形成的涡流，选择了浅盆形的活塞顶部燃烧室结构，如图 1-9 所示。

　　为了提高稀燃天然气发动机的燃烧速度，Waukesha 公司 1989 年公布了该公司新研制的深度偏置扇形燃烧室[57]，如图 1-16 所示。该燃烧室的特点是挤气面积约占 50%，在压缩终点附近可以产生很高的径向挤流和紊流，对提高火焰传播速度起到积极作用，因此这种燃烧室对于稀混合气的燃烧有良好的作用，在保证燃烧稳定的前提下，可以获得较低的 NO$_x$ 排放和较低的燃料消耗。

　　Kingston 也于 1989 年公布了里卡多公司发表的星云式燃烧室[58]，如图 1-17 所示。该燃烧室是在活塞顶部制成两个连通的特殊形状的空间，在压缩过程中利用进气涡流的作用，形成两股气流。在压缩过程中，当活塞接近上止点时，形成的两股气流在燃烧室中心处互相碰撞，使涡流破碎，导致小尺度紊流产生，从而提高火焰传播速度。试验表明，当空燃比达到 26.5（相当于过量空气系数 1.54）时，依然燃烧稳定，有效热效率高，NO$_x$ 排放较低。

　　1993 年，Teruhiro 等人公布了东京煤气公司研制的 TG 燃烧室。如图 1-18 所示[59]，在活塞顶部的圆柱凹坑内，布置两个半圆斜面形状的容积，目的是利用进气涡流来产生缸内紊流。与星云式不同的是，TG 燃烧室的紊流是通过涡流在斜面上的碰撞产生的。在燃烧室中央，紊流产生相当弱，这样可使着火稳定。在沿柱面处有较强的紊流，有助于提高火焰传播速度。试验结果表明，这种燃烧室在过量空气系数为 1.7 时，NO$_x$ 可达 82ppm❶，热效率可达 34.8%，且燃烧稳定。

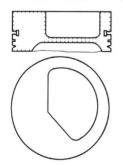 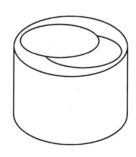 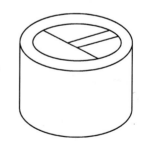

　图 1-16　深度偏置扇形燃烧室　　　图 1-17　星云式燃烧室　　　图 1-18　TG 燃烧室

　　Tilagone 等人设计了并列椭圆形（parallel ellipses）、瘦形正交椭圆形（thin perpendicular ellipses）、正交椭圆形（perpendicular ellipses）三种不同形状的燃烧室，如图 1-19 所示，目的是将进气涡流转化成湍流，实现可靠的点火和充分的燃烧。通过模拟

---

　　❶ ppm 表示体积浓度，为 1/1000000，即一百万体积的尾气中所含该污染物的体积数。

计算发现,在压缩过程接近上止点时,瘦形正交椭圆形燃烧室内气体平均流动速度较低,但湍动能最大,在火花塞附近的气体流动速度远低于另外两种燃烧室,而湍动能则相差不大,这就使得瘦形正交椭圆形燃烧室内点火稳定,火焰传播速度较快。试验结果表明,瘦形正交椭圆形燃烧室与其他两种燃烧室相比,相同工况下,其 NO_x 排放最低,且稀燃极限最宽[60]。

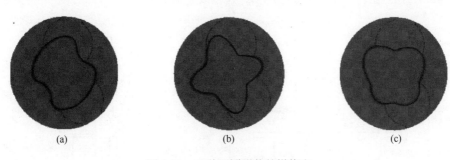

图 1-19　三种不同形状的燃烧室

(a) 并列椭圆形燃烧室;(b) 瘦形正交椭圆形燃烧室;(c) 正交椭圆形燃烧室

预燃室燃烧系统也是稀燃天然气发动机常采用的,图 1-20 所示为里卡多公司设计的带预燃室的等容燃烧系统装置简化剖面图[61],其用来研究装有预燃室的化油器式天然气稀薄燃烧发动机的燃烧细节。在这类发动机上,主燃烧室所得到的进气非常稀薄(过量空气率在 50%~100%),另有少量的天然气充入预燃室。压缩后,预燃室中的空燃比几乎与理想空燃比相同。预燃室内气体被火花点燃后,燃烧迅速进行,只经过几度的曲轴转角,火焰就喷到了主燃烧室。这一射流包含着比火花塞能量高许多等级的巨大能量。实际上,预燃室的功能相当于一个"能量放大器",以它的大能量点燃那些稀薄的混合气。研究结果表明,燃烧速率和预燃室压力上升率都取决于预燃室喉口的特征。喷入主燃烧室的射流的特征主要取决于预燃室喉口的形状和方向。

(4)使用充量分层燃烧技术

充量分层燃烧技术就是利用充量分层,在火花塞附近形成易于点燃的较浓混合气,而火花塞外层气体均为稀燃气体,使气缸内混合气总体空燃比在极低情况下正常燃烧,改善点火可靠性和燃烧稳定性,提高燃烧效率,还可以进一步扩展稀燃极限。

对于进气道喷射的天然气发动机,不同进气道形状以及喷气时刻的改变均会影响缸内混合气的形成,从而影响发动机的燃烧和排放特性。Yamato 等人通过试验模拟计算和可视化方法研究了充量分层对天然气燃烧过程的影响,并于 2001 年公布了其研究结果。研究发现,采用涡流进气道,并选择适当的喷射时刻,能在火花塞附近形成局部较浓混合气,从而提高混合气的可点燃性。由于混合气集中在气缸中心,可以减小传热损失,提高天然气发动机的有效热效率[62]。Reynolds 等人在一个火花点火式 Ricardo Hydra

单缸机试验台上利用一个特制的火花塞研究了微量喷气形成的部分分层充量对发动机燃烧特性的影响，并于 2005 年发布了他们的研究结果。火花塞如图 1-21 所示，低于总天然气量 5%的天然气通过火花塞喷入其电极区域。微量喷射的气体为不同空燃比的天然气与空气的混合气或纯天然气。试验结果表明，随着微量喷射空燃比的减小，有效比天然气消耗量减少，当微量喷射纯天然气时，有效比天然气消耗量比没有微量喷射时降低了 15%，而且缸内大部分天然气越稀，这种效果越明显[63]。

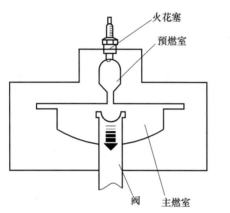

图 1-20　带预燃室的等容燃烧系统装置剖面图[61]

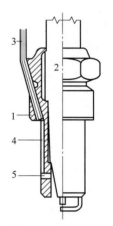

图 1-21　特制火花塞

1—火花塞金属体；2—绝缘体；3—毛细管；

4—螺线槽；5—直喷天然气孔

1.4　CFD 在发动机研究中的应用

自 20 世纪 60 年代末期以来，世界范围内能源危机日益严重，环保呼声越来越强烈，使得开发高效率、低污染的发动机成为当前内燃机研究的中心课题，这就迫使人们在理论和实验两方面加强对内燃机缸内工作过程的研究，以达到节能和低污染的目的。随着计算机技术的飞速发展以及计算流体力学、计算传热学、化学动力学等基础理论研究的深入，内燃机燃烧过程的数值模拟已成为燃烧研究的重要手段。应用 CFD（Computational Fluid Dynamics）进行发动机缸内工作过程的数值模拟计算，不仅能提供实验研究无法获取的信息，而且花费少、周期短、适用性强、效果明显，并能充分反映结构参数和几何形状的影响。

1.4.1　应用于内燃机工作过程的多维数值模拟软件

随着计算机运算速度的提高以及计算流体力学等基础学科的发展，多维模拟在发动机工作过程中的应用越来越得到重视，目前已有多种适合发动机工作过程的多维数值模拟软件，如 FLUENT、KIVA、STAR-CD、FIRE、SCRYU、Power FLOW、FIDAP 等。目前，在发动机的流动及燃烧方面应用较为广泛的有 KIVA-3V、STAR-CD 和 AVL 公司的 FIRE 软件。

KIVA 软件是美国 Los Alamos 国家实验室编制的用于模拟内燃机三维流动、喷雾、燃烧和排放过程的原代码计算程序。在 KIVA 基础上先后又研制出了 KIVA-Ⅱ、KIVA-3、KIVA-3V，程序采用"任意拉格朗日-欧拉"（ALE）计算方法，在时间方向上采用隐式差分格式，对缸内湍流的模拟采用 RNG 湍流模型。KIVA 系列的源程序为发动机工作者进行数值模拟研究提供了一个现成的框架和基础，在此基础上可以根据自己的需要将新建模型加入该程序进行研究。

英国 Adapco 公司开发的 STAR-CD 是基于有限容积法的通用流体计算软件。这种软件能处理移动网格，用于多级透平的计算；在差分格式方面，纳入了一阶迎风、二阶迎风、中心差分、QUICK，以及一阶迎风、中心差分或 QUICK 的混合格式；在压力耦合方面，采用 SIMPLE、PISO 以及 SIMPLO 的算法；在湍流模型方面，有标准 k-ε、RNG、Chen 等模型，可计算稳态、非稳态、牛顿、非牛顿流体，多孔介质，亚声速，超声速，多相流等问题。STAR-CD 有集成的前后处理器，使得问题的定义、求解和结果输出均可以图形化显示，缺点在于其界面设计得不够友好。

奥地利 AVL 公司依靠其强大的实验能力的支持，开发的发动机专用三维模拟计算软件 FIRE 得到广泛应用。FIRE 软件采用有限差分法中的有限容积法对运输过程的微分方程在时间和空间上进行离散。采用的解耦方法为半隐式法，也称 SIMPLE（Semi-Implicit Method for Pressure-Linked Equations）法。模拟湍流流动使用的湍流模型有标准 k-ε 模型、RNG 湍流模型和 AVL HTM 模型等。FIRE 软件中将网格生成、求解及结果处理集成一体，用户界面简洁明了，具有易学易掌握的优势。网格生成具有全自动和半自动生成方法，用户可根据具体情况进行局部网格细化，还可快速进行移动网格的生成。对任意复杂的几何形状，都可自动生成六面体网格占 80%以上的混合网格。该软件可用于发动机进气系统、燃烧系统、冷却系统、喷油系统及排气系统的分析及优化设计，计算发动机缸内任意时刻的温度场、速度场、压力场及排放物分布。

国内内燃机工作者在消化和吸收了国外先进的数学模型、数值方法和计算程序的基础上，开发出许多内燃机工作过程数值模拟程序，如北京理工大学开发的三维内燃机工作过程通用模拟程序 RES3C-Ⅱ，中国科学技术大学火灾科学学院重点实验室开发的计算直喷式柴油机螺旋进气道与缸内空气运动的大型微机化程序 IPIC-CFD（Ⅰ），同济大学、江苏理工大学开发的涡流室式柴油机工作过程的三维模拟程序 Engine-Ⅱ，吉林工业大学开发的微机版内燃机缸内多维气流运动模拟程序 SUN-1，等等[64,65]。

1.4.2 内燃机燃烧过程数值模拟研究

内燃机燃烧过程非常复杂，它发生在一个随时间不断变化的湍流场中，参与反应的成分有几百种，燃烧模拟常在简化的基础上进行。内燃机燃烧过程模拟，是综合运用热力学、流体力学、传热传质学、化学反应动力学和数值计算等学科的知识，来描述内燃机工作过程中缸内流动工质、传热和流体力学与热力学行为的一组物理和化学的数学方程式。它从内燃机有关工作过程的物理化学模型出发，用微分方程对有关工作过程进行数学描述，然后用数值计算方法求解，求得各参数随时空的变化规律，进而可以了解有关参数对内燃机性能的影响。根据内燃机研究对象的不同，对不同的问题采用了不同的处理方法，提出了各种燃烧模型。最常见内燃机燃烧模型的分类方法是 Bracco 于 1974 年提出的将燃烧模型按维数分为零维模型、准维模型和多维模型三类[66]。

零维模型又称热力学模型，用于分析燃烧室内宏观参数和现象随时间而变化的规律，未考虑燃烧物理-化学反应的复杂中间过程，仅把燃烧看成是按一定规律向系统加入热量的过程。零维燃烧放热模型较常用的是 Weibe 模型和 Watson 模型。Weibe 模型形式简单，采用由化学反应动力学推导出的半经验公式；Watson 模型针对实际燃烧中存在着预混燃烧和扩散燃烧两个阶段，用一个幂函数拟合预混燃烧时的尖峰部分，用 Weibe 函数模拟扩散燃烧部分，两者乘以相应的质量百分比后相叠加即得到整个燃烧过程的燃烧放热规律。零维模型对缸内过程的描述是宏观的、抽象的，不考虑参数随空间位置的变化，无法预测排放性能；而计算的准确性又依赖于经验系数的选取，计算结果与内燃机型式及运行条件有很强的依赖关系。

准维模型诞生于 20 世纪 70 年代，其发展的直接原因是预测排放的要求。准维模型指把燃烧室按火焰位置或喷注空间分布形态，分为几个区域，在不同的区域内考虑不同的物理过程，而每个区域内的物理参数则是均匀的，与空间坐标无关。准维模型虽然未仔细考虑空间分布，但从燃烧、可燃混合气形成、火焰传播现象出发，列出描述分区内各参数随时间变化的关系式，计算各分区内的温度和浓度。关于柴油机的准维燃烧模型的研究中，比较有代表性的为美国康明斯（Cummins）公司的林慰梓等人提出的以气相喷注为基础的"气相喷注燃烧模型"和日本广岛大学的广安博之等人提出的以油滴蒸发为基础的"油滴蒸发燃烧模型"[67]，应用较为普遍，也比较成熟。这类模型一般由确定油束几何形状及燃油喷注模型、燃烧热力学计算模型及排放物生成模型构成。关于汽油机的准维模型的研究中，比较有影响的理论是 Damkoler-Shelkin 的褶皱理论和 Summerfield 的微容积扩散理论[68]。Blizard-Keck 模型[69]是最早被提出并对以后发展具有重要影响的一种准维模型。但由于准维模型对若干子过程的描述是建立在经验的、表象的基础上，故其通用性受到限制。

20 世纪 80 年代以来，随着计算机应用的普及、计算数值方法和计算流体力学等学科的日益成熟，内燃机缸内的工作过程多维数值模拟得到较快的发展。多维模型就是考虑到缸内过程物理域二维或三维空间分布的模型，这类模型与零维或准维模型相比在性质上有很大不同。多维模型是在遵循质量守恒、动量守恒和能量守恒的基础上，进一步考虑了燃烧室中压力、温度、工质成分和流体速度等的三维结构，通过求解支配燃烧现象的物理、化学过程的基本微分方程，可以提供有关燃烧过程中气流速度、温度、压力及成分在燃烧室内瞬态空间分布的详细信息。多维燃烧模型全面考虑了内燃机的工作过程，包括多维、多组分气体流动，油束的形成和发展，预混燃烧和扩散燃烧，所涉及的领域包括湍流、多相流、燃烧化学反应、传热等，它是一种较为精细的模型，又称为精细模型。火花塞点火式发动机的点火模型只受质量和能量守恒方程的控制。燃烧过程各循环间差别由点火核成长期内湍流对火焰面积、热损失等的影响决定。火花塞点火发动机的预混合湍流火焰结构主要有两种：可忽略火焰自身厚度的薄面火焰结构和需要考虑化学反应速度的分布式火焰结构。后者主要因低负荷运转时残留废气及废气再循环的增加导致的层流火焰速度降低引起。涡团破碎模型（Eddy Break Up Model）可应用于薄面火焰结构上，因其计算简单被广泛应用于三维计算中。目前，在火花点火发动机的三维数值模拟中，应用前景最好的是基于层流火焰的 CFM（Coherent Flame Model）相关火焰模型，模型中火焰被假设为把反应物与生成物分开的无限薄的表面，而且不同的力（如湍流）可以扰动火焰传播的表面。燃烧过程变成了求解输运方程在火焰表面的传播过程。其燃烧速率由火焰面积、层流火焰速率及未燃气体密度决定。该模型最大的优势是对化学反应尺度和湍流尺度进行解耦。

1.4.3 内燃机进气过程多维数值模拟研究

在发动机工作过程中，进入气缸内的空气量和进气过程中产生的流动状态对发动机的燃烧过程将产生重要影响，从而影响到发动机的动力性、经济性和排放性能。因此，进气道的形状及其流场的复杂性，也成为内燃机工作者的主要研究内容。

Brandstatter 等人[70]于 1985 年进行了进气道几何形状对缸内流动特色影响的研究。他们采用激光多普勒测速仪（LDA）对螺旋进气道测量了稳态流动情况下不同气门升程时的三个正交速度分量，得到气门周向以及气门和气缸盖之间不同平面内的数据；并进行了非定常气体动力学计算来判定进气过程中气口上游的热力学条件和气门开口处质量流率；最后将 LDA 测得的速度值和应用气体动力学计算得到的信息相结合，提供准稳态速度分布曲线，用作进气过程中缸内三维计算的边界条件。1990 年，Aïta 等人[71]对往复运动发动机的气道-气阀-缸内流动应用 CAD/CAE 方法对轴对称试验系统和四阀点燃式发动机进行了数值模拟研究，主要对几何模型建立、网格生成、流动求解方法、后处理及计算结果进行了讨论分析。结果表明，模拟方法应用于稳态过程是可行的，应用数值模拟能够很好地预测关键部位的流动。同年 Haworth 等人[72]进行了单气门气道、双气门气道、双气门带涡流或滚流台肩的气道的三维模拟计算，并进行了试验验证。1994年，Godine 等人[73]在直气道和螺旋气道上进行了稳定流动模拟，流量系数和缸内速度场吻合很好，验证了预测进气道及气缸内定常流动的一种方法，分析了稳定流动模拟所观察到的涡流产生机理，讨论了基于计算流量系数的内燃机性能预测。1995 年，Kang 等人[74]对直喷柴油机的螺旋进气道和气缸内气体进行了流动分析，采用修改过的 KIVA-11 代码对稳态流动和运行工况下内燃机进气道-气门-气缸内的流动进行了模拟计算。结果表明，由于角动量在任何流动系统中都具有保持性，因而尽管稳态流动和内燃机进气的三维流动结构可能不同，用稳态流动测得的涡流比预测内燃机工作时缸内的涡流比是可能的。1998 年，O'Connor 和 McKinley 应用自动网格生成器生成进气道计算网格，进行了进气道气体流动的数值研究，并将计算结果与试验结果进行了比较。结果表明，该研究应用新的网格生成技术与当时的网格技术相比，生成时间节约了 15%，结果表明应用该自动生成器结合 star-cd v2.3 来预测时进气道稳态流动是可行的。1999 年，Caulfield 等人[75]应用 CFD 研究了进气道流量系数和流动特性，并与实际测量结果进行了比较。该研究中分别对采用不同的网格（结构化与非结构化）、不同的湍流模型、不同壁面函数时进行了计算研究，并研究了不同的湍流模型、不同壁面函数对体积流动速率的影响。结果表明，壁面模型的选择对体积流动速率影响较小，约为 1.5%；湍流模型对体积流动速率影响较大，约为 3%。尽管与稳态流动相比，瞬态流动分析可以直接评估燃烧开始前一刻气缸内平均流动状态和湍流强度，但无论是测量还是计算，瞬态分析都较复杂，而稳态流动的研究较容易进行，而且它们可以间接地显示上止点前的平均流动和湍流水平。已经有试验证实，如果恰当修正气门升程，稳定流动时的涡流运动可以表征不稳定流动时的涡流运动。所以迄今为止，进气气道稳态流动的试验和数值模拟研究仍然具有重要意义。

国内在发动机进气模拟这方面的研究工作，从 20 世纪 80 年代后期也逐步开展起来。1989 年，吉林工业大学的孙济美等人[76]进行了发动机进气道内气体流场的模拟和实验研究。他们使用热线风速仪测量了模型气道内的流场，与计算结果进行比较，在此基础上发展了一种可用于发动机进气门处流场计算的湍流模型，即修正的 k-ε 模型。1990年，无锡油泵油嘴厂的杨笑风等人[77]根据 Denton 格式的基本思想，发展了一种计算内燃机气道内部流动与时间相关的有限体积法程序，这些计算都只是单独对简化的进气道进行了数值模拟，而未考虑气门和气缸的影响。1998 年，江苏理工大学的蒋勇利用 KIVA 程序对一螺旋进气道-缸内空气运动过程进行了稳态和实机三维数值模拟[78]。1999 年，华中理工大学的杨玫[79]对进气道稳流实验装置内三维流动特性进行了数值模拟研究，建立了贴体正交曲线坐标系中螺旋进气道-气门-气缸内的三维流动模型，采用贴体正交网格、乘方律差分格式、k-ε 双方程湍流模型以及 SIMPLE 算法，开发了进气道-气门-气缸内三维湍流场的数值模拟程序，计算结果与实验结果吻合。

第2章

数值计算模型、计算方法与网格生成

应用计算流体力学(CFD)方法对内燃机工作过程进行模拟，其计算流程如图 2-1 所示。本章节主要对计算模型、计算方法和网格生成进行介绍。

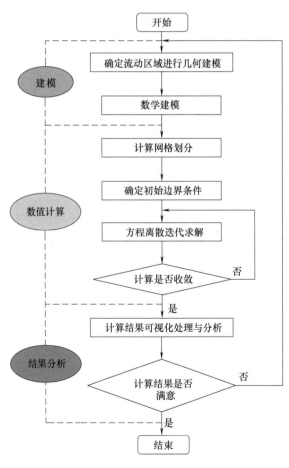

图 2-1　数值计算流程

2.1　湍流流动模型

在进气过程中，气流的流动状况非常复杂，会发生旋转、分离和倒流等现象。气流流过进气门时，会从气门座和气门盘处产生明显的剪切层，这些剪切层很不稳定，先破碎为很多环状旋涡，然后互相融合成较大尺度的涡。这些较大尺度的涡也不稳定，本身又会破碎成较小的涡，最后形成三维湍流运动。

气道内的气流运动是极其复杂的湍流运动，按照雷诺的观点，湍流量中的值可以分解为瞬时值、平均值和脉动值。

2.1.1　流动控制方程

在内燃机工作循环中，缸内气体充量始终在进行着复杂而又强烈瞬变的湍流运动，因此湍流运动是内燃机工作过程和燃烧过程中各种物理化学过程的一个共同基础，它决定了各种量在缸内的输运及其空间的分布。因此要正确地模拟和分析内燃机的燃烧，离不开对湍流运动的正确描述和模拟。

CFD 使用的方法是对所需分析的问题先抽象出其流场的控制方程，然后再用计算数学的算法将其离散到一系列空间网格节点上求其离散的数值解的一种方法。控制一切流体流动的基本定律是：质量守恒定律、动量守恒定律和能量守恒定律。由它们可以分别导出连续性方程、动量方程和能量方程。这些方程共同组成纳维尔-斯托克斯控制方程组，简称为 N-S 方程组。控制方程组可表示成以下通用形式：

$$\hat{\rho}\frac{\mathrm{D}\hat{\phi}}{\mathrm{D}t} = \hat{\rho}\frac{\partial\hat{\phi}}{\partial t} + \hat{\rho}\hat{U}_j\frac{\partial\hat{\phi}}{\partial x_j} = \hat{\rho}\hat{\gamma}_m + \frac{\partial\hat{\gamma}_A}{\partial x_j} \qquad (2\text{-}1)$$

式中　$\hat{\rho}$——流体密度；

$\hat{\phi}$——通用变量。

在通用形式的控制方程中包含 4 种基本类型的项，即代表时间变化率的非定常项 $\hat{\rho}\frac{\partial\hat{\phi}}{\partial t}$，由流体宏观运动所引起的对流项 $\hat{\rho}\hat{U}_j\frac{\partial\hat{\phi}}{\partial x_j}$，由流体分子运动所引起的扩散项 $\frac{\partial\hat{\gamma}_A}{\partial x_j}$，不属于以上三项的其他源项 $\hat{\rho}\hat{\gamma}_m$，故式（2-1）实际上描述了各种物理量在流动中的对流与扩散过程，即输运过程。

将通用公式（2-1）中的通用变量 $\hat{\phi}$ 分别以 $\hat{U}_i$，$\hat{H} = \hat{h} + \dfrac{\hat{U}^2}{2}$，$\hat{C}$ 代入，则可得到动量守恒方程、能量守恒方程和组分方程。

① 动量守恒方程：$\hat{\phi} = \hat{U}_i$。

$$
\begin{aligned}
\hat{\rho}\frac{\mathrm{D}\hat{U}_i}{\mathrm{D}t} &= \hat{\rho}\frac{\partial \hat{U}_i}{\partial t} + \hat{\rho}\hat{U}_j\frac{\partial \hat{U}_i}{\partial x_j} = \hat{\rho}g_i + \frac{\partial \hat{\sigma}_{ij}}{\partial x_j} \\
&= \hat{\rho}g_i - \frac{\partial \rho_i}{\partial x_i} + \frac{\partial}{\partial x_j}\left[\mu\left(\frac{\partial \hat{U}_i}{\partial x_j} + \frac{\partial \hat{U}_j}{\partial x_i} - \frac{2}{3}\times\frac{\partial \hat{U}_k}{\partial x_k}\delta_{ij}\right)\right]
\end{aligned}
\tag{2-2}
$$

② 能量守恒方程：$\hat{\phi} = \hat{H} = \hat{h} + \dfrac{\hat{U}^2}{2}$。

$$
\hat{\rho}\frac{\mathrm{D}\hat{H}}{\mathrm{D}t} = \hat{\rho}\left(\frac{\partial \hat{H}}{\partial t} + \hat{U}_j\frac{\partial \hat{H}}{\partial x_j}\right) = \hat{\rho}\dot{q}_g + \frac{\partial P}{\partial t} + \frac{\partial}{\partial x_i}\left(\hat{\tau}_{ij}\hat{U}_j\right) + \frac{\partial}{\partial x_j}\left(\lambda\frac{\partial \hat{T}}{\partial x_j}\right)
\tag{2-3}
$$

③ 组分方程：$\hat{\phi} = \hat{C}$。

$$
\hat{\rho}\frac{\mathrm{D}\hat{C}}{\mathrm{D}t} = \hat{\rho}\left(\frac{\partial \hat{C}}{\partial t} + U_j\frac{\partial \hat{C}}{\partial x}\right) = \hat{\rho}\hat{\gamma} + \frac{\partial}{\partial x_j}\left(D\frac{\partial \hat{C}}{\partial x_j}\right)
\tag{2-4}
$$

2.1.2 流动控制方程的时均化

瞬时值描述的上述控制方程组再加上气体混合物的状态方程就构成一个封闭的非线性二阶偏微分方程组。从理论上讲，只要其中的源项是已知的或是能够计算出来，再加上适当的定解条件，就可以用数值计算方法求得方程组的数值解，这种求解方法称为湍流的直接数值模拟方法。要对高度复杂的湍流运动进行直接的数值计算，必须采用很小的时间与空间步长，才能分辨出湍流中详细的空间结构及变化剧烈的时间特性。因此，湍流的直接模拟对计算机内存空间及计算速度的要求非常高，目前根本无法用于工程数值计算。工程应用时感兴趣的只是平均的流场及其变化情况，故多数 CFD 理论均是将瞬时的控制方程组转换成统计平均的控制方程组（Reynolds 时均方程组）后进行数值求解，转换的依据是下面介绍的 Reynolds 分解法则。

根据 Reynolds 定义，任意物理量（速度、压力、温度、密度等）的瞬时值 $\hat{\phi}$、时均值 Φ 及脉动值 ϕ 之间有如下关系：

$$
\hat{\phi} = \Phi + \phi
\tag{2-5}
$$

如果在湍流流动中有如下两个瞬时值的关系：

$$\hat{\phi} = \varPhi + \phi \qquad \hat{\varphi} = \varPsi + \varphi \qquad (2\text{-}6)$$

那么有以下基本运算规则成立：

与常数相乘：$\overline{C\hat{\phi}} = C\overline{\hat{\phi}} = C\varPhi$ （2-7）

加减运算：$\overline{\hat{\phi} \pm \hat{\varphi}} = \overline{\hat{\phi}} \pm \overline{\hat{\varphi}} = \varPhi \pm \varPsi$ （2-8）

微分与积分：$\dfrac{\overline{\partial \hat{\phi}}}{\partial s} = \dfrac{\partial \overline{\hat{\phi}}}{\partial s} = \dfrac{\partial \varPhi}{\partial s} \qquad \overline{\int \hat{\phi} \mathrm{d}s} = \int \overline{\hat{\phi}} \mathrm{d}s = \int \varPhi \mathrm{d}s$ （2-9）

两瞬时值乘积：$\overline{\hat{\phi}\hat{\varphi}} = \overline{(\varPhi + \phi)(\varPsi + \varphi)} = \varPhi\varPsi + \overline{\varPhi\varphi} + \overline{\phi\varPsi} + \overline{\phi\varphi} = \varPhi\varPsi + \overline{\phi\varphi}$ （2-10）

其中，$\overline{\varPhi\varphi} = 0$，$\overline{\phi\varPsi} = 0$。

湍流 Reynolds 时均方程

运用 Reynolds 时均运算法则，并假定 $\overline{\phi} = 0$，$\overline{u_j} = 0$，但 $\overline{\phi u_j} \neq 0$，则通用形式的输运方程（2-1）可变形为

$$\rho \frac{\mathrm{D}\varPhi}{\mathrm{D}t} = \rho \frac{\partial \varPhi}{\partial t} + \rho U_j \frac{\partial \varPhi}{\partial x_j} = \rho \dot{\varGamma}_m + \frac{\partial}{\partial x_j}\left(\dot{\varGamma}_A - \rho\overline{\phi u_j}\right) \qquad (2\text{-}11)$$

用相应的变量代替上面方程中的 $\varPhi$、ϕ 和 $\dot{\varGamma}$，可得到 Reynolds 时均方程组，如式（2-12）~式（2-14）：

① Reynolds 时均动量方程：

$$\rho \frac{\mathrm{D}U_i}{\mathrm{D}t} = \rho \frac{\partial U_i}{\partial t} + \rho U_j \frac{\partial U_i}{\partial x_j} = \rho g_i + \frac{\partial}{\partial x_j}\left(\tau_{ij} - \rho\overline{u_i u_j}\right) \qquad (2\text{-}12)$$

② Reynolds 时均能量方程：

$$\rho \frac{\mathrm{D}H}{\mathrm{D}t} = \rho\left(\frac{\partial H}{\partial t} + U_j \frac{\partial H}{\partial x_j}\right) = \rho \dot{q}_g + \frac{\partial P}{\partial t} + \frac{\partial}{\partial x_j}(U_j \tau_{ij}) + \frac{\partial}{\partial x_j}\left(\lambda \frac{\partial T}{\partial x_j}\right) \qquad (2\text{-}13)$$

③ Reynolds 时均组分方程：

$$\rho \frac{\mathrm{D}C}{\mathrm{D}t} = \rho\left(\frac{\partial C}{\partial t} + U_j \frac{\partial C}{\partial x_j}\right) = \rho \dot{r} + \frac{\partial}{\partial x_j}\left(D \frac{\partial C}{\partial x_j} - \rho\overline{c u_i}\right) \qquad (2\text{-}14)$$

由于在时均化处理后产生了包含脉动附加项的未知二阶张量 $\overline{\varphi u_j}$，使得 Reynolds 时均方程组不再封闭。为了使描写湍流的方程组得以封闭，必须找出该未知变量的求解关系式，这即湍流模拟计算的根本任务，由此也引出了多种湍流模型。这些模型大体上可以分成两类：一类是直接建立湍流的脉动附加项的微分方程式或简化的代数方程式，称

为雷诺应力模型；另一类则是遵循 Boussinesq 假设，引入湍流黏性系数，把问题归结为如何求解黏性系数，并把湍流的脉动附加项与时均值联系起来，称为湍流黏性系数模型。由于湍流黏性系数模型对问题进行了简化处理，使得求解简单，计算量小，而且结果也能满足工程要求，故得到了广泛重视。特别是其中的双方程模型（k-ε 模型），由于有较高的计算精度，目前得到较多的应用。

2.1.3 湍流模型

湍流模型就是把湍流的脉动值附加项与时均值联系起来的一些特定关系式。湍流数值模拟方法及相应的湍流模型分类，如图 2-2 所示。

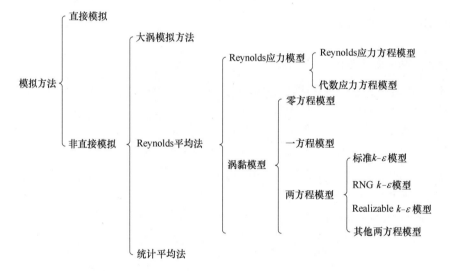

图 2-2 三维湍流数值模拟方法及相应的湍流模型[80]

图中，k-ε 模型是在湍流的工程计算中应用最为广泛的湍流模型[81]。本书在离开壁面一定距离处使用该模型。

湍流能量输运方程：

$$\rho \frac{\partial k}{\partial t} + \rho U_j \frac{\partial k}{\partial x_j} = P + G - \varepsilon + \frac{\partial}{\partial x_j}\left(\mu + \frac{\mu_t}{\sigma_k} \times \frac{\partial k}{\partial x_j}\right) \qquad (2\text{-}15)$$

湍流能量耗散方程：

$$\rho \frac{\mathrm{D}\varepsilon}{\mathrm{D}t} = \left(C_{\varepsilon 1}P + C_{\varepsilon 3}G + C_{\varepsilon 4}k\frac{\partial U_k}{\partial x_k} - C_{\varepsilon 2}\varepsilon\right)\frac{\varepsilon}{k} + \frac{\partial}{\partial x_j}\left(\frac{\mu_t}{\sigma_\varepsilon} \times \frac{\partial \varepsilon}{\partial x_j}\right) \qquad (2\text{-}16)$$

其中，$P = -\overline{u_i u_j}\dfrac{\partial U_i}{\partial x_j}$；$G = -g_i\dfrac{\mu_t}{\sigma_p}\dfrac{\partial \rho}{\partial x_i}$；$\mu_t = C_\mu \rho \dfrac{k^2}{\varepsilon}$。

以上给出的 k-ε 为高雷诺数 k-ε 模型，适用于离开壁面一定距离的湍流区域。该模型系数如表 2-1 所示。在与壁面相邻接的黏性支层中，湍流雷诺数很低，必须考虑分子黏性的影响，k-ε 方程要做相应的修改。适用于黏性支层的 k-ε 模型称为低雷诺数模型。在采用高雷诺数 k-ε 模型计算流体与固体表面间的换热时，对于壁面附近的区域，可采用壁面函数法[81]。

◈ 表 2-1 k-ε 模型中的系数

系数	C_μ	$C_{\varepsilon1}$	$C_{\varepsilon2}$	$C_{\varepsilon3}$	$C_{\varepsilon4}$	σ_k	σ_ε	σ_ρ
数值	0.09	1.44	1.92	0.8	0.33	1	1.3	0.9

采用壁面函数法时，湍流流核中采用高雷诺数 k-ε 模型，而在黏性支层内不布置任何节点，把第一个与壁面相邻的节点布置在旺盛湍流区域内。

壁面函数法的基本思想可归纳为以下几点：

① 假设在所计算问题的壁面附近黏性支层以外的地区，无量纲速度与温度分布服从对数分布规律，则如式（2-17）~式（2-22）：

$$U^* = C_\mu^{1/4}\frac{k_P^{1/2}}{U_\tau}U_P \tag{2-17}$$

$$y^* = C_\mu^{1/4}\frac{\rho k_P^{1/2} y_P}{\mu} \tag{2-18}$$

$$\begin{cases} U^* = y^* & y^* \leqslant 11.63 \\ U^* = \dfrac{1}{k}\ln(Ey^*) & y^* > 11.63 \end{cases} \tag{2-19}$$

且 k=0.41，E=9。

$$T^* = \sigma_T\left[\frac{1}{k}\ln(Ey^*) + Y\right] \tag{2-20}$$

$$T^* = C_\mu^{1/4} k_P^{1/2}\frac{\rho c_P(T_P - T_w)}{\dot{q}_w} \tag{2-21}$$

$$Y = 2.94\left[\left(\frac{Pr}{\sigma_T}\right)^{0.75} - 1\right]\left[1 + 0.28\exp\left(-0.007\frac{Pr}{\sigma_T}\right)\right] \tag{2-22}$$

式中 Pr——分子 Pr 数；

σ_{T} ——湍流 Prandtl/Schmid 数;

T_{w} ——壁面温度;

$\dot{q}_{\mathrm{w}}$ ——壁面热通量。

② 第一个内节点与壁面之间区域的当量黏性系数 μ_t 的值可按式（2-23）计算：

$$\mu_t = \frac{y^*}{U^*}\mu \qquad (2\text{-}23)$$

③ 对于第一个内节点 P 上的 k_P 及 ε_P 的确定方法：k_P 值仍可按 k 方程计算，其边

界条件取为 $\left(\dfrac{\partial k}{\partial y}\right)_{\mathrm{w}} = 0$（$y$ 为垂直于壁面的坐标）。ε_P 的值可按式（2-24）计算[81]：

$$\varepsilon_P = C_{\mu}^{3/4}\frac{k_P^{3/2}}{ky_P} \qquad (2\text{-}24)$$

2.2　化学反应动力学机理及燃烧模型

内燃机内的燃烧过程主要为湍流燃烧，湍流燃烧是一种极其复杂的带化学反应的流动现象。湍流对燃烧的影响主要体现在它能强烈地影响化学反应速率。定性地看，湍流中大尺度涡团的运动使火焰锋面变形而产生皱褶，其表面积大大增加，同时小尺度涡团的随机运动大大增强了组分间的质量、动量和能量传递。这两方面的影响使得湍流燃烧速率大大高于层流燃烧速率。

目前适用于点燃式发动机的湍流燃烧模型主要有涡破碎模型（EBU）、涡耗散模型（EDC）、特征时间尺度模型、概率密度模型（PDF）、湍流火焰速度封闭模型以及相干火焰模型（CFM）[82-86]。

2.2.1　化学反应动力学机理及天然气的化学反应动力学过程

2.2.1.1　化学反应动力学机理

化学反应动力学是化学学科中的一个组成部分，它定量地研究化学反应进行的速率及影响因素[83,87]。

各种反应都存在正反两个方向的反应，即

$$a\mathrm{A} + b\mathrm{B} \underset{k_{\mathrm{b}}}{\overset{k_{\mathrm{f}}}{\rightleftharpoons}} c\mathrm{C} + d\mathrm{D} \qquad (2\text{-}25)$$

由质量作用定理可知，反应式的瞬时反应速度为

正向反应速度：$r_f = k_f[A]^a[B]^b$

逆向反应速度：$r_b = k_b[C]^c[D]^d$

其中，k_f、k_b 分别为正向反应速率常数和逆向反应速率常数。

反应速率常数一般根据 Arrhenius 公式计算，即

$$k = AT^b \exp\left(-\frac{E}{RT}\right) \qquad (2\text{-}26)$$

式中　A——指前系数；

　　　b——温度指数；

　　　E——活化能。

不同反应式的 A、b 及 E 均由实验得出。

由 Arrhenius 公式可以看出：

① 反应速率随温度升高而增大。

② 活化能越大，说明反应比较困难，反应速率越小，但反应速率因温度升高或降低而引起的变化越大。即当活化能较大时，增加温度能使反应速率显著地增加；反之，当活化能较小时，温度对反应速率的影响不显著。所以，活化能在相当程度上反映了温度对反应速率影响的大小。

Arrhenius 公式不仅合理地解释了化学动力学现象，而且为定量计算化学反应速率提供了依据。只要在充分实验的基础上获得 Arrhenius 公式中的 A、b 和 E 数据后，相应反应式的反应速率问题即迎刃而解。但由于实验总是在一定条件下完成的，其结果不可避免地带有一定的局限性，所以在选择公式系数时必须选用权威并且被广泛应用的数据，对任意系数的调整都必须经过充分的实验验证，否则结果只能是片面的或错误的。目前，比较权威的化学动力学数据包来自美国桑迪亚（Sandia）国家实验室的燃烧团队、美国天然气研究所（Gas Research Institute，GRI）、美国国家标准与技术研究所（National Institute of Standards and Technology，NIST）和劳伦斯利弗莫尔国家实验室（Lawrence Livermore National Laboratory，LLNL）。

除了研究化学反应速率的计算及影响因素外，化学动力学的另一任务是用动力学机理来解释化学反应过程。内燃机燃料均由多种成分的烃类化合物组成，它们的分子结构复杂，燃烧反应的化学机理也就格外复杂，这就使人们更难认识其真实的反应过程。长期以来，由于对燃烧化学动力学机理缺乏认识和理论数据，化学动力学只是在说明内燃机燃烧的一些概念上有所应用，在模拟计算中的应用一直只局限在柴油机着火延迟期的分析。近几年，由于甲烷、丙烷、丁烷、异辛烷、正庚烷、二甲基醚等碳氢化合物的化学动力学机理研究的日益深入，加上计算机计算能力的提高，使得化学动力学在内燃机燃烧研究中的作用越来越大。

2.2.1.2　天然气的化学反应动力学过程

一般将天然气反应动力学中的反应分为三种类型[86-89]：

① C_1 化学反应，即 CH_4 氧化成 CO_2 和裂解形成 C_1 物质（甲基、甲酸、甲醛等）及一些中间产物的过程，即

$$CH_4 \rightarrow CH_3 \begin{cases} CH_2O \rightarrow HCO \rightarrow CO \rightarrow CO_2 \\ CH_2 \rightarrow CH \rightarrow C \end{cases}$$

② C_2 化学反应，即 C_1 物质聚合生成 C_2 物质（乙烷、乙烯、乙炔等）的过程，即

$$CH_3 \rightarrow C_2H_6 \rightarrow C_2H_5 \rightarrow C_2H_4 \rightarrow C_2H_3 \rightarrow CH_2$$

③ N 化学反应，主要由描述 NO 形成的 Zeldovich 机理、Prompt 机理、燃料 N 反应机理和 N_2O 反应所组成，即

2.2.2　涡破碎模型

涡破碎模型（EBU）的基本思想是：认为在湍流燃烧区充满了已燃气团和未燃气团，化学反应在这两种气团的交界面上发生，认为平均化学反应速率取决于未燃气团在湍流作用下破碎成更小气团的速率，而破碎速率与湍流脉动动能的衰变速率成正比[82]，即正比于 ε/k。涡破碎模型突出了湍流混合对燃烧率的控制作用，在物理上较直观，计算较简便，但是涡破碎模型完全忽略了分子扩散和化学动力学因素的作用，所以只能用于高雷诺数的湍流燃烧现象。

2.2.3　涡耗散模型

涡耗散模型（EDC）是由 Magnussen 和 Hjertager 提出的湍流控制燃烧模型[83]，是涡破碎模型（Eddy Break Up，EBU）在湍流扩散火焰中的延伸。EBU 模型只能用于预混燃烧，而 EDC 模型是一种可同时用于预混燃烧和扩散燃烧的模型。涡耗散模型的基础是 $k\text{-}\varepsilon$ 模型，涡耗散模型可写为一步反应式，即化学反应速率 R_{fu} 的表达式为

$$R_{\mathrm{fu}} = A\left(\frac{\varepsilon}{k}\right) \min\left(c_{\mathrm{fu}}, \frac{c_{\mathrm{O}_2}}{S}, B\frac{c_{Pr}}{1+S}\right) \qquad (2\text{-}27)$$

式中　　　　A，B——模型常数，它由火焰结构、燃料与氧之间的反应情况决定；

c_{fu}，c_{O_2}，c_{Pr}——燃料、氧和燃烧产物摩尔浓度；

S——化学剂量比下 O_2 和燃料质量之比，即化学当量空燃比，可用式（2-28）表示：

$$S = \frac{\left(n+\dfrac{m}{4}\right)M_{\mathrm{O}_2}}{a_1 M_{\mathrm{fu}}} \qquad (2\text{-}28)$$

式中　　　　n，m——燃料分子中的碳原子数和氢原子数；

a_1——氧在空气中的物质分数，$a_1=0.232$；

M_{fu}，M_{O_2}——燃料和氧气的摩尔质量。

2.2.4　特征时间模型

EBU 模型原则上只适合于高雷诺数的湍流燃烧，而不适用于化学动力学因素起主导作用的情况，如着火阶段以及燃烧过程中的低温区或过度的贫油区和富油区。同时兼顾这两种情况就得出所谓的混合模型，即特征时间模型。其计算公式如下：

$$R_{\mathrm{fu}} = \begin{cases} A\left(\dfrac{\varepsilon}{k}\right)\min\left(c_{\mathrm{fu}}, \dfrac{c_{\mathrm{O}_2}}{S}, B\dfrac{c_{Pr}}{1+S}\right) & \gamma<1 \\[3mm] A\left(\dfrac{1}{\tau_{\mathrm{c}}}\right)\min\left(c_{\mathrm{fu}}, \dfrac{c_{\mathrm{O}_2}}{S}, B\dfrac{c_{Pr}}{1+S}\right) & \gamma\geqslant 1 \end{cases} \qquad (2\text{-}29)$$

式中　　γ——化学动力学时间尺度与湍流时间尺度之比；

τ_{c}——层流和湍流的混合时间尺度。

2.2.5　概率密度函数方法[84,85]

化学反应速率是热力学状态量 ρ、T 和各组分质量分数 Y_j（$j=1,2,\cdots$）的非线性函数。这些量的脉动对平均反应速率有强烈的影响。所以平均反应速率的精确表达式可借助概率密度函数方法（PDF）计算如下：

$$\overline{R}_{\mathrm{fu}} = \iint \cdots \int R_{\mathrm{fu}}\big[\rho,T,Y_j(j=1,2,\cdots)\big]P\big[\rho,T,Y_j(j=1,2,\cdots),x\big]\mathrm{d}\rho\mathrm{d}T\mathrm{d}Y_j(j=1,2,\cdots) \quad (2\text{-}30)$$

其中，$P\big[\rho,T,Y_j(j=1,2,\cdots),x\big]$ 是在点 x 处，参变量 ρ、T、Y_j 的联合概率密度函数。确定概率密度函数有两种方法：一种是根据经验预先假定 PDF 的分布形状；另一种就是建立 PDF 的精确输运方程，利用适当的假设对其中一些项加以模拟后直接求解。

在 AVL 公司的 FIRE 软件中，PDF 燃烧模型同时考虑了有限化学反应速率和湍流的影响，因此避免了选择其中一个作为控制平均反应速率的因素。同时，PDF 方法对标量特性提供了一种完全的随机描述方法，不需要针对在封闭模型中出现的化学反应速率建立模型。

2.2.6 湍流火焰速度封闭模型[86]

湍流火焰速度封闭模型（Turbulent Flame Speedclosure Combustion Model，TFSCM）的核心是由湍流参数和火焰结构确定的反应速率 R_{fu}。

$$R_{\mathrm{fu}} = \max\left(R_{\mathrm{AI}}, R_{\mathrm{FP}}\right) \tag{2-31}$$

$$R_{\mathrm{AI}} = a_1 \rho^{a_2} y_{\mathrm{fu}}^{a_3} y_{\mathrm{o_2}}^{a_4} T^{a_5} \exp\left(-\frac{T_{\mathrm{a}}}{T}\right) \tag{2-32}$$

$$R_{\mathrm{FP}} = \rho S_{\mathrm{T}} \nabla y_{\mathrm{fu}} \tag{2-33}$$

式中 R_{AI}——自燃反应速率；

       R_{FP}——火焰传播反应速率；

       S_{T}——湍流燃烧速率；

       T_{a}——活化温度；

       ∇y_{fu}——燃料物质分数梯度；

a_1，a_2，a_3，a_4，a_5——模型经验系数。

这种方法适用于均质混合气燃烧，但对于近壁处的反应速率需额外考虑。

2.2.7 相干火焰模型

本书的发动机燃烧方式为预混型点火式燃烧，燃烧模型应用了相干火焰模型（Coherent Flame Model）[86]。模型中火焰被假设为把反应物与生成物分开的无限薄的表面，燃烧过程为求解输运方程在火焰表面的传播过程，其燃烧速率由火焰面积、层流火焰速率及未燃气体密度决定。该模型最大的优势是对化学反应尺度和湍流尺度进行解耦。该模型的控制方程如下：

（1）火焰表面密度方程

$$\frac{\partial \Sigma}{\partial t} + \frac{\partial\left(u_j \Sigma\right)}{\partial x_j} - \frac{\partial}{\partial x_j}\left(\frac{v_t}{\sigma_\Sigma} \times \frac{\partial \Sigma}{\partial x_j}\right) = \alpha K \Sigma - \beta \frac{\rho_{\mathrm{fr}} y_{\mathrm{fu,fr}} S_{\mathrm{L}}}{\rho_{\mathrm{fu}}} \Sigma^2 \tag{2-34}$$

式中 Σ——湍流火焰表面密度；

σ_Σ——湍流施密特（Schmidt）数；

K——火焰的平均延伸率；

α,β——调节常数，通过调节 α、β 数值，可改变火焰表面密度；

ρ_{fr}——新鲜气体的密度。

（2）燃料物质分数方程

$$\frac{\partial \rho_{fu}}{\partial t}+\frac{\partial\left(u_j\rho_{fu}\right)}{\partial x_j}-\frac{\partial}{\partial x_j}\left(\frac{v_t}{\sigma_{\rho_{fu}}}\times\frac{\partial \rho_{fu}}{\partial x_j}\right)=-\rho_{fr}y_{fu,fr}S_L \tag{2-35}$$

式中　$\sigma_{\rho_{fu}}$——湍流施密特（Schmidt）数；

v_t——湍流的运动黏度；

$y_{fu,fr}$——燃料在新鲜气体中所占的物质分数；

S_L——层流火焰速度。

（3）两步燃料消耗机理

$$C_nH_m+\left(n+\frac{m}{4}\right)O_2\rightarrow nCO_2+\frac{m}{2}H_2O \tag{2-36}$$

$$C_nH_m+\frac{n}{2}O_2\rightarrow nCO+\frac{m}{2}H_2 \tag{2-37}$$

2.3　排　放　模　型

对于天然气发动机来说，几乎没有 C 烟排放，CO 排放也很低，在此不做考虑，本书中主要控制 NO 排放，而对于 HC 则采用氧化催化剂处理。

2.3.1　氮氧化物的生成机理

NO_x 的生成是一种非平衡现象，在内燃机中，NO_x 的生成主要以高温途径在已燃区产生，它取决于已燃气体中的温度梯度。

NO_x 包含 NO 和 NO_2，其中主要是 NO，因而在此主要介绍扩展了的 Zeldovich NO 的生成机理。反应机理表示如下：

$$N_2+O\underset{k_2}{\overset{k_1}{\rightleftharpoons}}NO+N \tag{2-38}$$

$$N+O_2\underset{k_4}{\overset{k_3}{\rightleftharpoons}}NO+O \tag{2-39}$$

$$N+OH\underset{k_6}{\overset{k_5}{\rightleftharpoons}}NO+H \tag{2-40}$$

由式（2-38）的正向反应可知，要打开氮气分子的三价键，需要有高的活化能，所以反应要进行得足够快，必须有高温。原理上，热 NO 形成主要由 5 种化学组分（O、H、OH、N 和 O_2）决定。试验和模拟计算分析表明，在高温（$T > 1600K$）时，方程的正向反应和逆向反应过程的反应速率是相等的，所考虑的反应状态是局部平衡的，反应耦合也是平衡的。局部平衡的假设只有在相当高的温度范围内才可以得出比较满意的结果，因为在温度低于 1600K 时，局部平衡就不能成立。

NO 生成量的峰值在空燃比为 1.1 左右的略稀混合气中，但在略稀混合气的燃烧中，OH 的浓度非常小，因此在 FIRE 计算中，反应式（2-40）被忽略。对于热 NO 的形成，可以应用局部平衡方法，这样前两个反应的平衡方程可以表达为

$$k_1[N_2][O] = k_2[NO][N] \tag{2-41}$$

$$k_3[N][O_2] = k_4[NO][O] \tag{2-42}$$

运用式（2-41）和式（2-42）两个表达式解方程组，可求得整个反应进程中热 NO 的生成量：

$$N_2 + O_2 == 2NO \tag{2-43}$$

用 $k_f = k_1 k_3$ 表示正向反应速率，$k_b = k_2 k_4$ 表示逆向反应速率。在全局反应过程中出现的化学组分也可用在所给的单步燃料转化方程中。因此 NO 的守恒方程的源项为

$$\frac{d[NO]}{dt} = 2k_f[N_2][O_2] \tag{2-44}$$

这里仅考虑生成物（正反应方程），正反应过程的反应速率为

$$k_f = \frac{A}{\sqrt{T}}\exp\left(-\frac{E_a}{RT}\right) \tag{2-45}$$

式中　　A——预指数因子；

　　　　E_a——活化动能。

2.3.2　影响氮氧化物生成的主要因素

影响 NO 生成率最主要的因素有以下三点：

① 温度。随着高温的形成，NO 平衡浓度也高，而且生成速度也加快了。

② 氧的浓度。在氧气不足的条件下，即使温度高，NO 也被抑制了。

③ 滞留时间。因为 NO 的生成反应比燃烧反应缓慢，所以即使在高温条件下，如果停留时间短，NO 的生成量也可被抑制。

2.4　数值计算方法

对内燃机工作过程的描述，最终可归结为一耦合的偏微分方程组，在引入适当的湍流流动和湍流燃烧模型后，该方程组是封闭的。但该方程组的基本特点是非线性和耦合性，因而不能用解析法求出封闭形式的解，只能用数值法通过迭代求解。求微分方程数值解首先要将方程离散为代数方程，再根据初始和边界条件，采用合理的数值计算方法在计算机上做数值求解。目前常用的离散方法有 3 种，即有限差分法、有限元法和有限分析法。其中，有限差分法历史最悠久，发展最成熟，是在流体力学领域应用最为广泛的一种离散化方法。传统的有限差分法是采用泰勒级数展开而实现微分方程的离散。20世纪 70 年代发展的有限区域法（FDM）则是将方程在控制容积上积分而达到离散的目的。这种方法本质上属于有限差分法，但又具有鲜明的特点。有限元法起源于固体力学中的李兹（Ritz）法，并在李兹法和伽辽金法基础上发展起来，有限元法离散比有限差分法灵活多变，但在处理 N-S 方程时，由于非线性对流项的存在，有限元法受到限制。有限分析法，是在有限元法基础上的一种改进，该方法的基本思想是把求解微分方程的解析法与数值法结合起来，缺点是储存量和耗机时较多。该方法目前仍处于发展中，还未广泛使用。在内燃机工作过程中广为应用的为有限容积法和任意拉格朗日法（ALE）。

2.4.1　有限容积法

有限容积法是由英国帝国理工学院的 Spalding 及其合作者所创立的。其基本思路是：将计算区域划分为网格，并使每个网格点周围有一个互不重复的控制体积，将控制方程对每一个控制体积积分，从而得出一组离散方程。从本质上说，有限容积法属有限差分的范畴。但该方法在方程离散化的实施中又吸收了有限元的一些特点，如通过在网格单元内积分而得到离散化方程。该方法因其物理概念清晰、通用性强而在计算流体力学领域得到广泛应用。其求解步骤如下。

（1）建立差分方程

差分方程是通过微分方程进行离散化处理得到的。在有限容积法中，把微分方程在控制容积上积分，而形成离散的有限差分方程。在微分方程离散化中，应遵守 4 条规则：

① 控制容积界面上的相容性。即在两个相邻的控制容积的离散化过程中，通过这两个网格共同界面的通量表达式必须相同。

② 差分方程中系数的符号相同。即当保持其他条件不变时，一个网格上函数值的增加将导致其邻近网格点上该函数值的增加，而不是减少，通常我们要求差分方程的系数非负。

③ 源项的负斜率线性化。

④ 相邻结点系数之和规则。

（2）多变量耦合方程组求解

反应流的控制方程组是一个多变量相互耦合的非线性方程组。其耦合性首先体现在流场与其他标量场的耦合，如速度与压力、密度和温度等变量的耦合。速度与压力的耦合构成了求解各种有反应流动和无反应流动问题的最大障碍。

著名的 SIMPLE(Simi-Implicit Method for Pressure-Linked Equations) 算法可以应用解耦的方法解除压力与速度之间的耦合。该方法由 Patankar 与 Spalding 于 1972 年提出[86]，核心是采用"猜测-修正"的过程，在次错网格的基础上来计算压力场，从而达到求解 N-S 动量方程的目的。其计算流程如图 2-3 所示[80,84]。

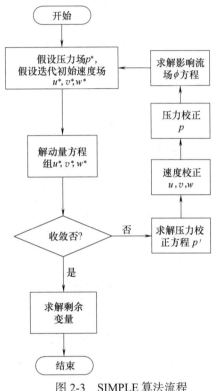

图 2-3　SIMPLE 算法流程

2.4.2　任意拉格朗日法

任意拉格朗日法（ALE）是美国 Los Alamos 国家实验室 Hirt 等人于 1974 年提出的。从本质上说，它也是一种基于控制容积的有限差分法。但与一般差分相比，它具有两个显著优点：一是 ϕ 网格可为任意六面体；二是 ALE 的差分网格具有可按规定速度运动的灵活性，当网格按当地流动速度运动时，计算是拉格朗日方式，当网格固定不动时，计算则是欧拉方式。这两个特点使得 ALE 方法很适合于求解像发动机气道或气缸这类几何形状不规则且容积又不断变化的流动问题。ALE 方法的基本计算步骤分三个主要阶段：第一阶段为拉氏差分方程求解，计算方程中的扩散项和源项；第二阶段是隐式的压力迭代求解过程，运用放大压力梯度法，在不改变其他流动特点的前提下通过放大低马赫数流动中的压力波动来提高计算率，进而求出速度的新值；第三阶段为欧拉计算，是把各网格节点按预先规定的速度移到新的位置重新划分网格，并计算对流通量。ALE方法的主要优点是它用有限体积法在任意形状的六面体上对流动方程离散，对网格的正交性没有要求，能很好地适应复杂区域的流动计算。但由于网格非正交，方程离散使黏性项、扩散项及对流项的计算非常烦琐，程序设计复杂。

本书应用 CFD 软件 FIRE 进行多维模拟，以质量、动量、能量等守恒定律为基础，采用有限容积法将计算域分成若干控制体，分别对每个控制体求解多维 N-S 方程和各种输运方程。任意拉格朗日-欧拉坐标系在软件中用于解决移动网格问题。

2.5 网 格 生 成

在对发动机的工作过程进行 CFD 计算之前，首先要将计算区域离散化，即对空间上连续的计算区域进行划分，划分成许多个子区域，并确定每个区域中的节点，从而生成网格。网格是离散的基础，网格节点是离散化的物理量的存储位置，网格在离散过程中起着关键作用。网格的形式和密度，对计算结果有着重要的影响。因此，合理的网格划分是保证计算合理性的前提条件，网格生成的好坏直接影响计算模拟的准确性。

2.5.1 网格类型

流动与传热问题数值计算中采用的网格可以大致分为结构化网格与非结构化网格。结构化网格是指各网格节点依其序号存在着空间位置的对应关系，因此，节点序号也是其在计算空间的逻辑坐标。结构化网格又有正交与非正交之分，正交网格是指各簇网格线之间两两垂直，这种网格的剖分最为困难，对物理域的形状要求也最高，故应用最受限制。由于受到空间位置之间相关性的约束，结构化网格的形状也必须规整，一般为四边形（或六面体）。有限差分法及一些有限体积法采用这类网格。非结构化网格则是指各网格点的序号与其空间位置之间没有任何对应关系，节点序号仅仅是存储时的编号而已。这类网格的形状也很任意，在二维情况下可以是三角形、四边形或两者的夹杂，在三维情况下可以是六面体、四面体、金字塔形、屋脊形或者这些形式的混合。因此，非结构化网格可以适应于各种复杂结构，这是其最大的优点。采用非结构化网格的典型代表是有限元法，一些有限体积法也采用此类网格。

一般来说，某种算法的通用性在很大程度上取决于所采用的网格系统。目前采用非结构化网格的 CFD 程序很受欢迎，而采用结构化网格的程序，其通用性也大大加强，如采用分块结构化网格。但从另一方面来看，非结构化网格系统虽然网格生成较简单，但在程序设计及方程离散方面却比在结构化网格系统中麻烦许多，而且在结构化网格下（尤其是正交网格下）求解的精度要比在非结构化网格下高。分块结构化网格就是说，当计算区域比较复杂时，即使应用网格技术也难以妥善地处理所求解的不规则区域，这时可以采用组合网格，又叫块结构化网格，在这种方法中，把整个求解区域分成若干小块，每一块中均采用结构化网格，块与块之间可以是并接的，即两块之间用一条公共边连接，也可以是部分重叠的。这种网格生成方法有结构化网格的优点，同时又不要求一条网格线贯穿在整个计算区域中，给处理不规则区域带来很多方便。因此，在目前的技术水平上，采用分块结构化网格的有限体积法，在程序的灵活性、通用性和计算的精确性、健全性方面能达到最好的折中。

2.5.2　网格生成过程与网格划分的要求

无论是结构化网格还是非结构化网格，其生成过程基本是一致的，主要步骤如下：

① 建立几何模型。几何模型是网格和边界的载体，对于三维问题，其几何模型为三维实体。

② 划分网格。在所生成的几何模型上应用特定的网格类型、网格密度和网格单元对面或体进行划分，获得网格。

③ 指定边界区域。为模型的每个区域指定名称和类型，为后续给定模型的物理属性、边界条件和初始条件做好准备。

合适的网格划分不仅可以使控制方程相对简化，便于离散，而且还可以提高计算精度，加快收敛。因此，对网格的划分提出以下要求[90]：

① 网格划分时，尽可能使流体矢量平行于坐标轴，物理量梯度大的地方网格应加密。

② 各块网格划分时尽可能地保持计算区域与实际流动区域的一致性，特别是壁面边界处及块与块之间的连接处，要使网格边界点落在物理区域的边界上；相邻网格尺寸之比不大于2。

③ 尽可能使网格正交或近似正交，这样可以简化对流和扩大散通量的计算，避免导致计算过程的复杂与计算效率的降低。

第 3 章

燃烧室优化设计及案例分析

燃烧室的结构形状，直接影响混合气的形成、火焰传播速度、放热规律、传热损失以及爆燃倾向等，从而影响发动机的动力性、经济性和排放特性等。对于稀燃点燃式天然气发动机，改进缸内气体流动、组织好缸内燃烧过程、实现正常燃烧、减少后燃至关重要。长期以来，国内外学者对天然气发动机的燃烧过程进行了许多探索性研究[91-96]，研究发现，燃烧室内的湍流运动对天然气发动机的燃烧过程有显著影响，而燃烧室的结构参数对气缸内湍流强度大小和分布又有着非常重要的影响。因此，研究和改进火花点火式天然气发动机缸内的气体流动及燃烧过程，能够改进燃烧室结构，有效地利用燃烧室内形成的挤流和湍流，提高火焰传播速度，对提高发动机的动力性与经济性具有重要意义。本章主要以天然气稀薄燃烧燃烧室设计为例进行分析。

3.1 燃烧室设计条件

本节以一台在 6102 柴油机基础上研究开发满足更高排放标准的高效率、低污染、稀燃、电控单一燃料压缩天然气增压中冷发动机为例进行讲解。

3.1.1 原型发动机的主要参数

发动机型式：直列六缸水冷增压中冷四冲程柴油发动机。

着火方式：压燃式。

燃烧室形式：敞口碗形。

缸径×行程：102mm×115mm；连杆长度：184mm。

压缩比：11∶1。

标定功率/转速：120（kW）/2600（r/min）。

最大扭矩/转速：500（N·m）/1600（r/min）。

最低耗气率/转速：230［g/（kW·h）］/1600（r/min）。

3.1.2 新开发天然气发动机的目标及要求

发动机型式：直列六缸水冷增压中冷四冲程天然气发动机。

着火方式：火花塞点火式。

缸径×行程：102mm×115mm；连杆长度：184mm。

压缩比：10.5∶1。

标定功率/转速：132（kW）/2800（r/min）。

最大扭矩/转速：560（N·m）/1600（r/min）。

耗气率/转速：200［g/（kW·h）］/1600（r/min）。

燃烧方式：稀薄燃烧。

燃气供给混合方式：缸外单点喷射。

在原型机的基础上，通过对发动机的燃烧系统及控制系统进行研究设计，要求新设计的发动机一方面要较大幅度地提高原型机的动力性和经济性，另一方面还要求能够满足更高的排放标准，最终开发出具有先进水平的点燃式单一燃料天然气发动机，为高效能、低排放发动机的产业化提供一定的技术储备。

3.2 燃烧室结构优化设计

将柴油机改装为天然气发动机，原柴油机为促进混合气形成，采用的是 W 型燃烧室，现要将原型柴油机改为点燃式天然气发动机，燃烧工质为均匀混合气，不再需要用燃烧室的结构来保证混合气的形成，但燃烧室的结构对缸内气体流动和火焰的传播影响是不容忽视的。因此，设计燃烧室时应注意以下几个因素：

① 燃烧室的面容比，即燃烧室表面积和燃烧室体积之比，表征燃烧室的紧凑性，进一步表征燃烧室内火焰传播距离、散热面积以及熄火面积等。面容比大，表示火焰传播距离长，容易爆震，HC 排放高，相对表面积大，还使散热损失大，经济性低；相反，小的面容比，表明散热面积小，火焰传播距离短，而且熄火面积也小，有助于提高热效率和动力性，增强抗爆能力，降低 HC 排放。

② 火花塞在燃烧室中的位置，直接影响火焰传播路程的长短，从而影响到抗爆性，影响火焰面积扩展速率和燃烧速率。因此火花塞的位置要求尽可能缩短末端气体的火焰传播距离，同时有利于火焰传播速度的控制，设置在气流特性稳定、残余废气影响小的位置上，以保证可靠稳定地点燃混合气。

③ 燃烧室形状与气流运动相配合，燃烧室形状需适合于混合气的形成及燃烧方式的要求，使得燃烧室内形成适当强度的气体流动，对燃烧过程起促进作用。适当强度的

紊流和挤流有利于火焰的传播，还可以扩大混合气着火界限，燃烧更稀的混合气。

3.2.1　几何模型的建立

由于原柴油发动机压缩比较高，不适于火花点火天然气发动机，且原燃烧室结构与喷雾形状相适应，为 W 型，因而对其燃室结构进行了改进设计，在降低压缩比的同时，改进燃烧室形状和结构参数以适宜火焰传播。

本案例在压缩比为 10.5 的条件下设计了多种燃烧室方案。经过数值计算，筛选出三种方案，分别将其编号为：1 号（缩口）、2 号（直口）、3 号（敞口），如图 3-1 所示，三种燃烧室的挤压面积分别为：1 号为 4425.5 mm²，2 号为 3870.6 mm²，3 号为 2986.4mm²。

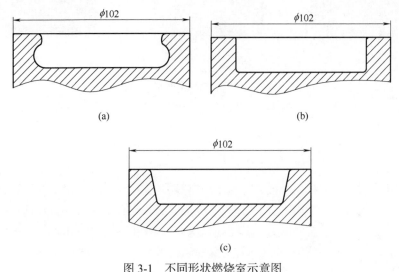

图 3-1　不同形状燃烧室示意图

（a）1 号（缩口）；（b）2 号（直口）；（c）3 号（敞口）

3.2.2　计算模型与计算网格的划分

缸内的气体流动模拟是根据基本的守恒定律，即质量守恒、动量守恒和能量守恒来求解平均输运方程，为使方程组封闭，必须建立模型。研究中采用了经过压缩修正的 k-ε 双方程湍流模型[97]，燃烧模型采用相干火焰模型（Coherent Flame Model），NO_x 排放模型为 Zeldovich 扩展模型。具体方程可参照本书第 2 章。

在进行网格划分时，首先生成面网格，面网格的生成方法主要有两种：一种是快速网格生成（即自动生成），一种是半自动网格生成。为保证生成质量较好的面网格，采用半自动网格生成法，首先重新划分剖面的边界节点；然后利用 FAME 技术，自动生成面网格;再手动对网格进行处理,使网格的划分合理;最后应用 FAME 中的旋转拉伸等工具生成体网格。由于火花塞偏置,缸内燃烧情况不对称,因而对整个燃烧室进行网格划分。在网格划分中,根据第 2 章中提到的对网格划分的要求,得到三种不同燃烧室形状的计算网格,如图 3-2 所示。三种燃烧室的网格数目均约为 16 万。

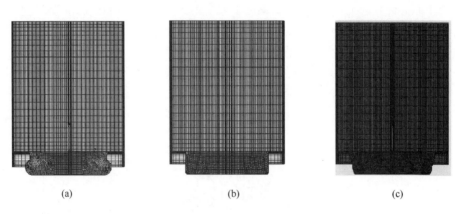

(a)   (b)   (c)

图 3-2   燃烧室网格

(a)1 号(缩口);(b)2 号(直口);(c)3 号(敞口)

3.2.3 计算对象结构参数及运行参数

本书研究对象是一台由柴油机改为单一燃料的电控天然气发动机,结构参数和运行参数如表 3-1 所示。计算从进气门关闭时 219.65°CA❶开始,到排气门开启前 483.65°CA 结束。并设缸内初始状态的压力、温度处处均匀,初始值可由表 3-1 得到,边界条件根据经验,设活塞表面温度为 593K,缸盖壁面温度为 553K,缸套壁面温度为 404K。

◇ 表 3-1   发动机结构参数和运行参数

结构参数	参数值	运行参数	参数值
发动机类型	火花点火式	转速/点火时刻	2800(r/min)/25°CA BTDC
缸径	102mm		1600(r/min)/20°CA BTDC
连杆长度	184mm	进气门关闭时刻	39.65°CA ABDC
活塞行程	115mm	排气门开启时刻	56.35°CA BBDC
活塞顶隙	1.35mm	进气结束缸内压力	180kPa
压缩比	10.5∶1	进气结束缸内温度	340K
涡流比	1.8	过量空气系数	1.3

❶ °CA 为曲轴转角单位,用来表示活塞上下运动的位置,排气结束时最上边是 0°CA,进气结束时是 219.65°CA。

3.2.4 模型可行性验证

节气门全开时，在标定转速 2800 r/min 和最大扭矩转速 1600 r/min 下，对三种不同形状燃烧室进行了数值模拟，得出缸内气体流动及火焰传播信息。

示功图是检验模型正确与否的途径之一。为了验证所选模型和计算方法并确定计算所需初始条件，首先应用 2 号燃烧室在一台增压式火花点火天然气发动机上进行了台架试验，得到了不同工况下的缸压曲线。通过对比转速为 2800r/min、1600r/min 全负荷工况下的模拟及试验结果（见图 3-3），可以看出，计算结果与实测结果最大的差别出现在压力峰值处：2800r/min 时，测量的最大压力峰值出现在上止点后 13.5°CA，值为 9.5MPa，计算的最大压力值出现在上止点后 12.5°CA，值为 9.7MPa，最大误差为 2.1%；1600r/min 时，测量的最大压力峰值和计算的最大压力值均出现在上止点后

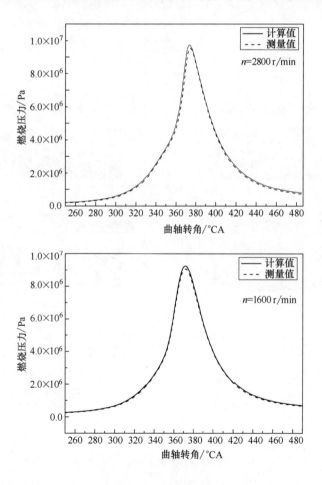

图 3-3 缸压曲线对比

11.5°CA，值分别为 9.06MPa 和 9.24MPa，最大误差为 2.0%。因此，计算结果与实测结果吻合良好，验证了模型选取的合理性，同时为后续火花点火天然气发动机模拟计算工作中模型参数的设置提供了依据。

3.2.5　天然气发动机的火花点火及火焰传播过程

天然气发动机的点火方式为火花点火，点燃包括局部地区的着火和火焰的传播。点火是依靠火花跳火的电能点燃其邻近的混合气，此后，依靠火焰传播至附近的未燃混合气区域。预混合气体的燃烧过程就是火焰的传播过程，火焰由一点向四周扩散。在此以2 号燃烧室转速为 2800r/min 为例，分析天然气火花点火的燃烧过程。火花塞点火时刻在 335°CA，也就是上止点前 25°CA，点火位置偏离燃烧室中心 9.6mm，在此通过点火位置和气缸中心线取纵剖面。图 3-4、图 3-5 分别为不同曲轴转角下的火焰表面密度分布和温度场分布。

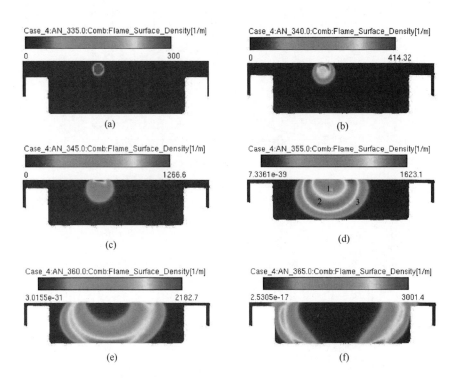

图 3-4　火焰表面密度分布（见书后彩插）

（a）335°CA；（b）340°CA；（c）345°CA；（d）355°CA；（e）360°CA；（f）365°CA

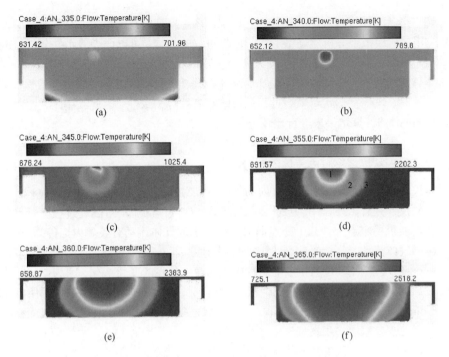

图 3-5　温度场分布（见书后彩插）

（a）335°CA；（b）340°CA；（c）345°CA；（d）355°CA；（e）360°CA；（f）365°CA

　　火焰表面密度指每单位容积的火焰表面积。由图 3-4（a）可知，火花塞点火初期，火焰表面密度为初设值 $300m^{-1}$，此时从温度场图 3-5（a）可以看出火花塞开始点火，但还没有形成火焰核心；到 340° CA 时，火焰表面密度逐渐增大，此时由温度场可知，还处于点火状态，缸内最高温度为 789.8K，还不能点着邻近的混合气（天然气的自燃温度为 900~1000K[98]）。由图 3-4（d）和图 3-5（d）可知，到 355° CA 时，火焰已开始向外传播，由图中可明显看出分层，1 区为已燃区，2 区为火焰区，3 区为未燃区。火焰表面密度由里向外是从低到高再到低。这是由于在火核中心形成后，火焰由中心向外扩展，随着火焰向外扩展，已燃区火焰表面密度随之降低，而火焰表面密度较高的火焰前锋在传播过程中，将在前方形成热影响区，该区域的火焰表面密度较未燃区域高。由图 3-4（e）可以看出，在燃烧室底部的火焰表面密度最大，这是由于燃烧室底部最靠近火核中心，火焰较早地传到底部，因而此处火焰表面密度呈现出最高值。由图 3-5 可知，随着火焰向外扩展，缸内最高温度不断提高。在火花塞附近温度最高，这主要是由于火花塞周围的混合气燃烧初期是在低压下燃烧膨胀，而最后在高压下回到原来的体积。所以这部分气体一方面获得了燃烧的化学能，另一方面还获得了压缩功。

3.2.6 燃烧室形状对燃烧过程的影响

燃烧室形状对燃烧过程的火焰传播、燃烧速率、爆震以及热损失、充气效率等都有影响，应用数值模拟来分析燃烧室形状对燃烧过程的影响，可以详细展示并分析缸内气体流动、温度场及湍动能分布情况，使在实验中难以观测的现象在模拟计算中得以再现，为改善气体流动状况、提高燃烧过程以及设计新型燃烧室提供了有力的参考依据。由于在不同转速时，燃烧室形状对燃烧过程的影响具有趋势一致性，因此，在此主要以转速为 2800r/min 时的计算结果来进行比较分析。

3.2.6.1 不同形状燃烧室缸内气体流动分析

对于火花点火式发动机，研究缸内的气体流动对于研究火焰传播及燃烧过程、改进燃烧系统的设计具有重要作用。压缩上止点前后缸内气体的流动对燃烧过程有着重要影响。火花塞能否稳定点火，与上止点前火花塞周围的气体流动有关。火焰传播过程中，燃烧室内的气体流动又直接影响着火焰的传播速度。图 3-6 主要展示了转速为 2800r/min 时，三种不同形状燃烧室在上止点前后缸内流场速度矢量的变化情况。因为燃烧室为对称燃烧室，点火位置为（x=0.002mm，y=0.111mm，z=0.00954mm），气缸顶部中心位置为（x=0 mm，y=0.1153 mm，z=0 mm）。三种燃烧室的不同之处主要在于挤气面积的大小不同，因此主要截取一半燃烧室来进行分析。

由图 3-6 可以看出，在点火燃烧之前，缸内的混合气运动主要受活塞上行影响，运动呈较强的一致性，只是在活塞运动方向上，流体所处位置坐标不同，其运动速度有所不同，离活塞越远，速度越小。随着活塞上行，逐渐把气缸中的气体压入燃烧室中，形成挤流。三种不同的燃烧室形状，挤流的强度也不同，340°CA 时，2 号直口燃烧室内

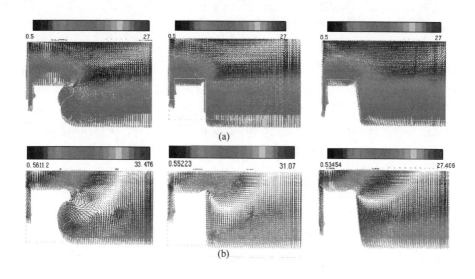

(a)

(b)

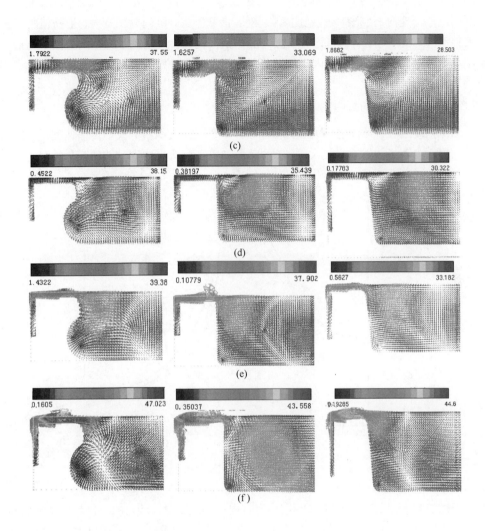

图 3-6　不同形状燃烧室缸内气体流动（见书后彩插）

（a）320°CA；（b）340°CA；（c）345°CA；（d）355°CA；（e）360°CA；（f）365°CA

已有顺时针涡旋存在于活塞顶燃烧室入口处，这是由于此时挤压区挤流较强；1 号燃烧室此时也已有了较高的挤流，但由于活塞顶燃烧室入口处形状与涡流趋势相同，没有涡旋出现。345°CA 时，3 号燃烧室在活塞顶燃烧室入口处有顺时针涡旋出现，但可以看出，其强度较弱。随着活塞上行，涡旋也上移，且缸内平均速度增大。355°CA 时，1 号缩口燃烧室内也有了涡的出现，这是由于活塞顶燃烧室入口处弧度大，而涡变小，涡的弧度小于燃烧室的弧度。当活塞上行至上止点时，三种燃烧室内的涡均破碎，造成涡破碎的原因主要是活塞到上止点时瞬时运动速度为零，缸内气体的流动也会发生变化，使得缸内气体迅速向上翻滚，形成逆挤流。随着活塞下行，缸内容积变大，逆挤流将气体挤入挤压区。365°CA 时，可以看出缸内的逆挤流较强，这有利于火焰向缸侧壁传播。由图中可以看出，1 号燃烧室内逆挤流是最强的，而 3 号燃烧室最弱。

3.2.6.2 燃烧室形状对缸内气体湍动能的影响

湍流强度增大，可以加快火焰传播速度，由于天然气燃料的火焰传播速度慢，因而希望在上止点附近能够获得较大的湍动能。图 3-7 所示为缸内湍动能的变化情况。

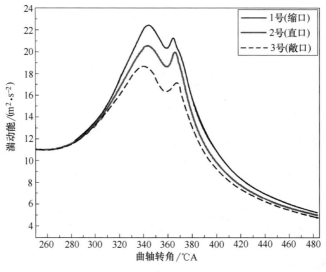

图 3-7 缸内湍动能变化

由图 3-7 可知，三种不同形状的燃烧室缸内湍动能随曲轴转角的变化趋势基本相同，在上止点附近均出现两个峰值，湍动能大小均为先增大后减小，然后再增大和再降低。这是由于在压缩初期，缸内湍动能较低，在压缩冲程后期，由于挤流的作用，缸内气体湍动能上升，即缸内湍动能第一个峰值出现；随活塞运动速度的降低，湍动能开始下降，当活塞由上止点向下运动时，燃烧室外侧开始出现由回流导致的湍流动能增加，此时缸内湍动能第二个峰值出现。由图 3-7 还可得知，不同形状燃烧室缸内湍动能峰值大小变化较大，不同燃烧室出现峰值时刻及大小如表 3-2 所示，说明燃烧室结构对缸内气体运动的影响主要表现在上止点附近区域。为了进一步研究燃烧室形状对湍动能的影响，图 3-8 展示了上止点前后缸内湍动能在不同区域的变化情况。由左至右，依次为 1 号（缩口）燃烧室、2 号（直口）燃烧室、3 号（敞口）燃烧室。纵剖面为通过点火中心处的纵剖面，横剖面 I 为点火位置处水平截面，横剖面 II 为点火位置靠下 6mm 处水平截面。

◇ 表 3-2　不同形状燃烧室内平均湍动能峰值比较

燃烧室编号	第一个峰值		第二个峰值	
	峰值时刻 BTDC/°CA	峰值大小√（m²·s⁻²）	峰值时刻 ATDC/°CA	峰值大小√（m²·s⁻²）
1号	15.5	22.41	5	21.24
2号	15.5	20.51	6	19.94
3号	19.5	18.63	7	17.11

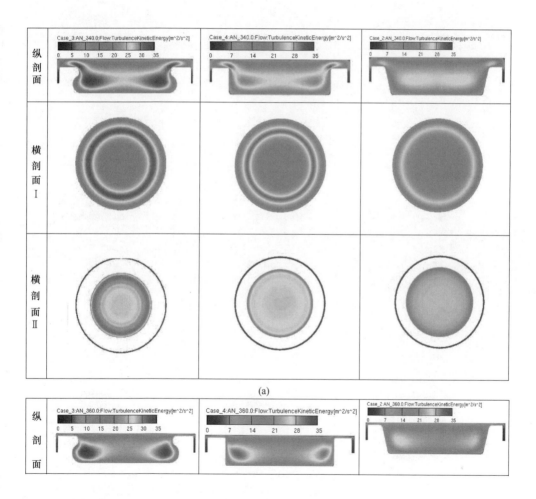

图 3-8

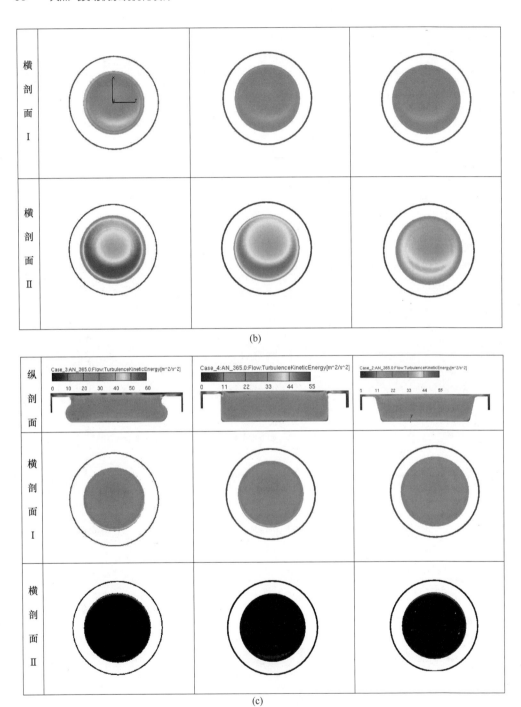

图 3-8　三种不同燃烧室在上止点前后缸内湍动能分布（见书后彩插）

（a）340°CA；（b）360°CA；（c）365°CA

图 3-8 所示为缸内湍动能在不同区域不同角度的变化情况。由图 3-8 中不同角度时的横向和纵向剖面图可以看出，三种不同形状燃烧室中，随着挤气面积的不同，缸内湍动能的大小也不同。在上止点前后，挤气区湍动能明显较大。上止点前，随着活塞上移，气缸内的气体被挤入燃烧室时，产生较强挤流，上止点前 20°CA（即 340°CA）时，湍动能的最大区域出现燃烧室下部两侧以及挤气区。1 号燃烧室内最大湍动能为 $35m^2/s^2$，2 号燃烧室内最大湍动能为 $30m^2/s^2$，而 3 号燃烧室内最大湍动能仅有 $26m^2/s^2$。上止点前的缸内较强的挤流集中于燃烧室下部两侧以及挤气区，可以使点火稳定，避免初期火核被吹熄。当活塞运动到上止点后 5°CA 时，燃烧室外侧开始出现由回流导致的湍动能增加，这有利于火焰向气缸顶隙传播。从图 3-8 中还可以得知，缸壁处湍动能较弱，这是由于挤流作用和缸壁的摩擦作用，使缸内气流湍动能不均匀，造成缸壁处湍动能较弱。从图 3-8 中不同位置的横剖面来看，点火初期，340°CA 时，缸内气体的湍动能周向分布基本是均匀的，随着火焰向外传播，缸内周向的湍动能开始呈现不均匀状态，且距气缸顶平面越远，其周向湍动能分布不均匀性越高。越往下，即距气缸顶部越远，越不均匀。这主要是由于点火位置偏置，以及周向宏观涡流的存在而造成的。

3.2.6.3　燃烧室形状对火焰传播的影响

点燃式发动机的燃烧过程分为火焰发展期和快速燃烧期，火焰发展期和快速燃烧期之和称为总燃烧期。火焰发展期指从火花点火到燃料化学能释放 10% 之间的阶段；快速燃烧期指从已燃质量分数达到 10% 的点到火焰传播终点（已燃质量分数达到 90%）的时间。通过多维模拟，由甲烷的质量变化可以得到三种不同形状燃烧室燃烧过程参数的对比，如表 3-3 所示。由表 3-3 还可得知，不同燃烧室内火焰发展期的时间长度相差不大，快速燃烧期的差别较大。这是由于在火核形成期，湍流对火焰发展的影响较小，火焰以近似层流速度向外传播；快速燃烧期火焰以湍流速度向外传播，受湍流影响较大。由表 3-3 可知，1 号缩口型燃烧室火焰发展期和快速燃烧期最短，而 3 号敞口型燃烧室的火焰发展期和快速燃烧期时间均最长，这说明，在快速燃烧期，较大的湍流速度有利于提高火焰传播速度。图 3-9 展示了不同形状燃烧室火焰表面密度分布。

◇ **表 3-3　三种不同形状燃烧室的燃烧过程参数**　　　　　　　　　单位：°CA

燃烧室编号	点火时刻	火焰发展期	快速燃烧期	总燃烧期
1 号	35	24	15	39
2 号	35	24.5	16.5	41
3 号	35	25	19	44

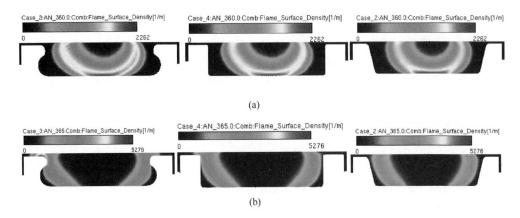

图 3-9　不同形状燃烧室火焰表面密度分布（见书后彩插）

（a）360°CA；（b）365°CA

图 3-9 中，由蓝到红，火焰表面密度逐渐增大，360° CA 时，三种不同形状燃烧室内的火焰表面密度分布有明显的分层现象。已燃区表面密度变小，火焰区表面密度最大，火焰前锋表面密度较小。不同形状的燃烧室内，火焰表面密度不同。由图 3-9 可以获知，缩口型燃烧室内火焰表面密度最大，且火焰扩展速度最快，而敞口型反之。这是由于缩口型燃烧室内有较大的湍动能存在，如图 3-8 所示。在火花点火式发动机中，湍动能促进火焰面附近已燃气体和未燃气体的交换，扩大火焰前锋面积，从而提高火焰传播速度。

3.2.6.4　燃烧室形状对缸内温度及 NO_x 排放的影响

图 3-10 所示为三种不同形状燃烧室的缸内温度场分布。由图可知，340°CA 和 350°CA 时，三种方案温度场状态基本相同，这是由于在点火和火核形成初期，当火核尺寸小于湍流积分长度标尺时，火焰以层流速度发展，此时湍流对火核基本上无影响。到上止点 360°CA 时，此时火核半径已超过湍流长度积分标尺，湍流对火焰的传播作用逐渐增大，当地的湍流强度和湍流尺度将影响火焰的传播方向和速度。当活塞向下运动到 365°CA 时，火焰进入湍流传播阶段，湍流对燃烧的促进作用不断增强，火焰传播速度增加。从火焰的传播速度来看，火焰开始阶段，由于火焰前锋面积小，在前锋上进行化学反应的燃料较少，火花塞放电起主导作用，随着火核尺寸的增加，化学反应逐渐起主导作用。因此，湍流强度大小对火焰形成阶段影响不大，而对火焰传播过程有重要影响。所以在火焰传播过程中，希望能有较大的湍流。在 365°CA 时，可明显看出火焰的扩散方向和速度受缸内湍流动能分布的影响，湍流动能强的区域可提高火焰传播速度。根据湍动能的分析，在 365°CA 时燃烧室的顶隙开始出现明显的回流现象，在燃烧室外侧形成了较强的局部湍流动能，火焰前锋开始由底部向燃烧室顶隙过渡。

比较三种不同形状的燃烧室，由图 3-10 中 365°CA 时的温度场可知，敞口型燃烧室火焰传播较慢，此时缩口型燃烧室内的火焰已开始向顶隙扩展，而敞口型燃烧室内火焰距燃烧室壁还有 6mm 的距离。这是由于缩口型燃烧室因其挤气面的增大，缸内湍流较强，在燃烧室外侧形成了较强的局部湍动能，加速了火焰传播；而敞口型燃烧室在其外侧湍流强度较弱，不利于火焰前锋由中心向边缘的过渡。由 365°CA 时的温度场分布可以看到，缩口型燃烧室尽管火焰向缸顶隙扩展较快，但因燃烧室下部两侧距点火中心较远，增大了火焰传播距离；而敞口型燃烧室在增大火焰传播速度的同时，缸内温度分布均匀。

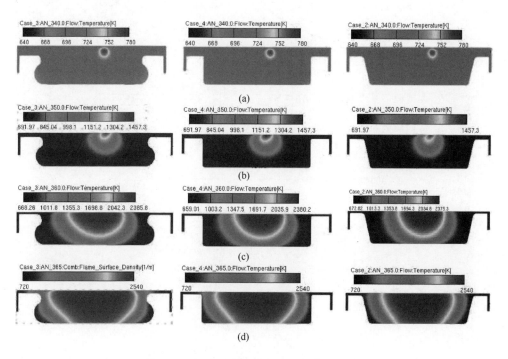

图 3-10　缸内温度场分布（见书后彩插）

（a）340°CA；（b）350°CA；（c）360°CA；（d）365°CA

图 3-11 所示为不同形状燃烧室的缸压对比曲线。由图 3-11 可知，改变燃烧室形状后，不同形状燃烧室缸内压力曲线有所变化，变化区间主要在上止点附近。不同形状燃烧室其压力峰值到达的时刻及大小也有所不同，1 号燃烧室在 372.5°CA 达到峰值为 9.85MPa，2 号燃烧室在 372.75°CA 达到峰值为 9.7MPa，3 号燃烧室在 373°CA 达到峰值为 9.6MPa。由图 3-12 放热率曲线可知，1 号燃烧速率最快，且放热率峰值较高，而 3 号燃烧速率最慢，且峰值低；相比较而言，2 号燃烧室其燃烧速率略慢于 1 号，但峰值与 1 号燃烧室相当。这是由于 1 号燃烧室较大的挤流显著提高了燃烧速率，缩短了燃

烧持续期。

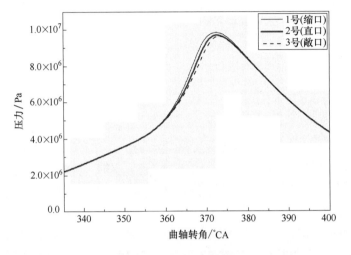

图 3-11 缸压对比曲线

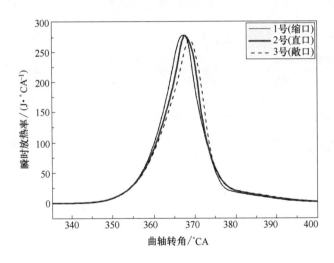

图 3-12 放热率对比曲线

对于 CNG 发动机来说，由于没有大分子的碳化物聚合，很难形成碳烟排放物，因而在此只考察 NO_x 排放物（图 3-13、图 3-14）。NO_x 中包含 NO 和 NO_2，但主要是 NO，在火花点火发动机中，NO_2 所占质量分数仅为 1%～2%[99]。富氧、高温、氧与氮在高温中停留的时间长是内燃机燃烧中生成 NO 的三要素，根据 NO 反应机理，大部分 NO 在火焰离开后的已燃气体中生成，如图 3-14 所示，NO_x 的生成在已燃区，因火花塞附近温度较高，可以看到在火花塞周围的 NO_x 生成量最大。由 NO_x 排放二维图图 3-13 可知，NO 的快速生成区域主要是在 370~390°CA。由图 3-13 与图 3-14 可知，三种不同形状的燃烧室 NO_x 排放量，1 号缩口型燃烧室 NO_x 排放最高，这主要是由于缸内湍流速度增大，使得缸内燃烧速率过快，温度峰值增大，使 NO_x 排放增加；而 3 号敞口型燃烧室因其燃烧速率慢，高温区温度略低，因而 NO_x 排放相比较最低。

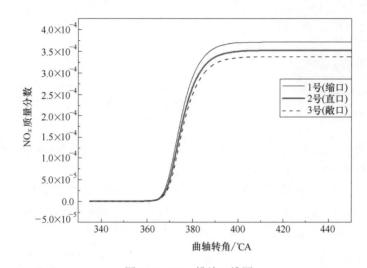

图 3-13　NO_x 排放二维图

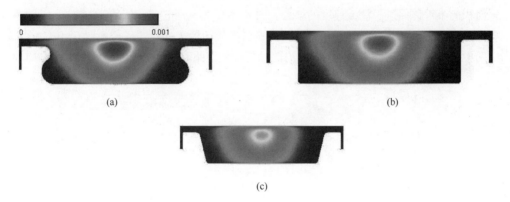

图 3-14　NO_x 排放比较（见书后彩插）

（a）1 号（缩口）；（b）2 号（直口）；（c）3 号（敞口）

3.2.7　火花塞位置对燃烧过程影响的数值计算

因为改装的天然气发动机火花塞是放在缸盖上原喷油器的位置，火花塞略偏于气缸

图 3-15　偏置燃烧室网格示意图
（见书后彩插）

中心，为验证火花塞在燃烧室中的位置对火焰传播及燃烧过程的影响，在以上计算模拟结果的基础上，又设计了一种偏心直口燃烧室，以使火花塞位置处于燃烧室中心，其网格划分如图 3-15 所示。

图 3-16~图 3-19 分别为燃烧室中心置于偏置时的二维计算结果。由图 3-16 可知，燃烧室偏置，火花塞在燃烧室中置时，缸内压力峰值提高，且到达压力峰值时刻提前；燃烧室中置时 374°CA 达到压力峰值，其值为 9.5MPa；燃烧室偏置时 370°CA 到达压力峰值，其值为 10.3MPa。由图 3-17 可明显看出，两种不同燃烧室缸内的平均湍动能在上止点附近时相差较多，燃烧室偏置时湍动能的两个峰值分别为 22.76m²/s² 和 22.56 m²/s²，燃烧室中置时两个峰值则分别为 20.5m²/s² 和 19.9m²/s²。这主要是由于点火时刻缸内涡流中心近似为燃烧室中心，燃烧室偏置时涡流中心接近点火中心，如图 3-20 中的（a）和（d）（其中纵切片与横切片均过点火中心，纵剖面为 x=0.02m，横剖面为 y=0.111m）所示，在涡流中心其流速最低，所以有助于火核点火的稳定性。而燃烧室中置时，点火位置距涡流中心有一定距离，所以其点火的稳定性受一定影响。由前面图 3-8 湍动能纵向剖面图可知，挤压区湍流速度最大，燃烧室偏置时，原来对称的挤压面积变成了不对称，这种挤压面积的不对称促进了湍流速度的增大，图 3-20 的（c）和（f）为 365°CA 两个不同燃烧室过点火中心的纵剖面以及横剖面为挤压区的湍流速度比较（横截面取 y=0.114m），由图中可以看出，燃烧室偏置时，缸内湍动能较大。此时较大的湍动能有利于火焰向外

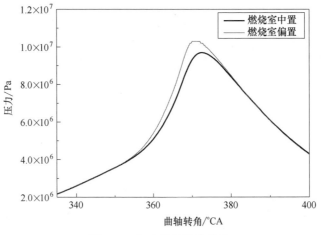

图 3-16　缸内平均压力曲线

传播。图 3-20 的（b）和（e）为 365°CA 两个不同燃烧室内的温度分布，从图中可以看出，偏置燃烧室与中置燃烧室相比，其缸内火焰向外传播速度较快。

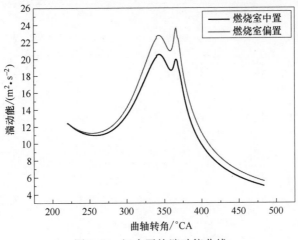

图 3-17　缸内平均湍动能曲线

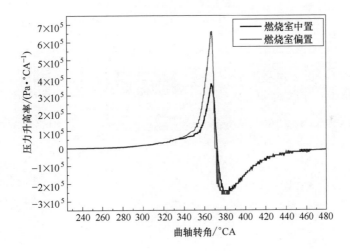

图 3-18　压力升高率曲线

　　虽然燃烧室偏置可以增大缸内湍动能，提高燃烧速度，但由图 3-18 压力升高率曲线可以看出，燃烧室偏置时压力升高率较大，超过 6MPa，远远大于安全极限 2.5MPa。由图 3-19 NO_x 排放曲线可知，燃烧室偏置时 NO_x 排放比燃烧室中置时增加了 24.43%。本节中旨在达到动力性的前提下还要降低 NO_x 排放，最终达国Ⅳ排放标准，因而综合考虑多方面因素，在试验时对燃烧室偏置这种方案不再考虑。

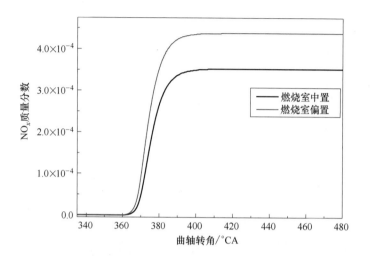

图 3-19 NO$_x$ 排放曲线

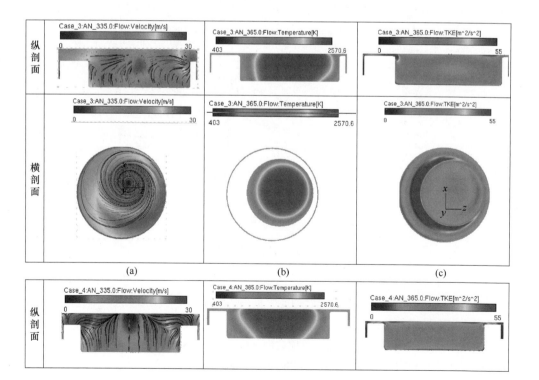

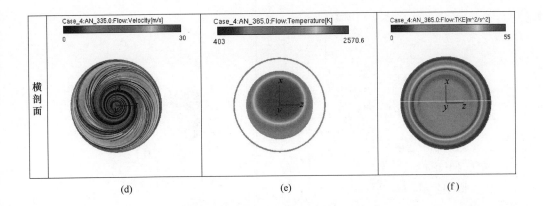

图 3-20　偏置与中置燃烧室三维计算结果比较（见书后彩插）

（a）偏置燃烧室速度分布；（b）偏置燃烧室温度分布；（c）偏置燃烧室湍动能分布；（d）中置燃烧室速度分布；

（e）中置燃烧室温度分布；（f）中置燃烧室湍动能分布

3.3　优化后燃烧室的试验验证及分析

本节在数值模拟的基础上，对 1 号、2 号和 3 号三种不同形状的燃烧室进行了试验，分别安装不同的活塞在不同节气门开度下进行了速度特性试验，对发动机的动力性、经济性、排放性进行比较分析。

3.3.1　试验装置与试验方法

试验发动机参数如表 3-1 所示。图 3-21 所示为发动机的试验系统示意图，该试验系统中，采用瑞士奇石乐公司（KISTLER）的缸压传感器、奥地利德维创有限公司（DEWETRON）的燃烧分析仪、美国罗斯蒙特公司（ROSEMOUNT）的 CNG 流量计，以及中国成都倍诚分析技术有限公司的 BCA5000 型排气分析仪、成都耐尔特增压器有限公司的比例式混合器，如图 3-21 所示。

本节通过在火花点火天然气发动机上更换活塞的方法来研究不同形状燃烧室的燃烧及排放，试验所采用天然气燃料经石油工业天然气质量监督检验中心检验，成分及物性如表 3-4 所示。

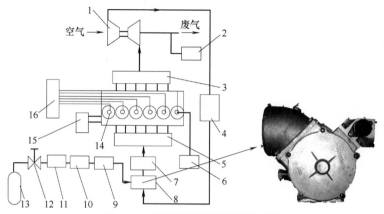

图 3-21 发动机的试验系统示意图

1—涡轮增压器；2—排气分析仪；3—排气总管；4—中冷器；5—进气总管；6—燃烧分析仪；7—电子节气门；8—混合器；
9—燃气计量阀；10—减压阀；11—燃气流量计；12—截止阀；13—CNG 气瓶；14—火花塞；15—测功机；16—点火模块

◎ 表 3-4 试验用天然气成分及物性

成分	摩尔分数/%	成分	摩尔分数/%	物性	参数
氦气	0.03	丙烷	0.60	检验方法	气相色谱法
氢气	0	异丁烷	0.04	密度	0.7095kg/m³
氮气	0.62	正丁烷	0.02	计算方法	组成计算法
二氧化碳	0.70	异戊烷	0	标准代号	GB/T 13610—2020
甲烷	94.23	正戊烷	0	相对密度	0.5890
乙烷	3.76	碳六加	0	标准代号	GB/T 11062—2020

3.3.2 不同燃烧室形状的燃烧特性分析

图 3-22 所示为发动机安装不同燃烧室形状的活塞时，节气门全开时的速度特性曲线。从图中可以看出，中低速时，2 号直口型燃烧室耗气率最低，高速时 2 号直口型燃烧室耗气率比缩口型燃烧室略高，三种燃烧室在中低速时的功率相当；高速时，3 号敞口型燃烧室与其他两种相比功率较低；高速时，NO_x 排放与数值模拟结果一致，相同条件下，缩口型燃烧室排放高于其他两种燃烧室，直口型燃烧室排放介于其间。

图 3-23~图 3-25 分别为不同转速下的负荷特性曲线。由图中可以看出，输出功率相同时，2 号直口型燃烧室耗气率最低，采用不同形状燃烧室时的耗气率在小负荷时差别较大，随着负荷的增大，差别也逐渐减小。由图中 NO_x 排放特性曲线可知，中低速时，NO_x 排放随负荷的增大而增大；高速时，NO_x 排放随负荷的变化是先增大后减小。

低速 $n=800r/min$ 时，2 号直口型燃烧室排放最高，这是由于一方面燃烧室形状对缸内燃烧过程有一定影响，缸内湍流有利于提高燃烧速度，因而使得缸内温度升高较快；

另一方面壁面传热的大小也会影响缸内温度，从而影响 NO 生成，2 号直口型燃烧室适中的湍流与挤流运动可提高燃烧速度，使得 NO 排放增多，而 1 号缩口型燃烧室因湍流较大，壁面传热损失较多，因而其 NO 排放低于 1 号。中速 n=1600r/min 时，在低负荷下 2 号直口型燃烧室排放较高，随着负荷的增大，三种燃烧室排放增大，超出测量水平。高速 n=2800r/min 时，缸内气流运动加快，此时因发动机转速较高，其壁面散热损失小，因而湍流较大的 1 号缩口型燃烧室缸内温度较高，其排放最高，而 3 号敞口型燃烧室排放最低，与数值模拟结果趋势一致。

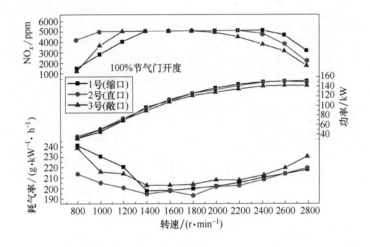

图 3-22　速度特性曲线

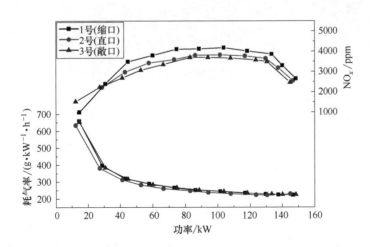

图 3-23　负荷特性曲线（n=2800r/min）

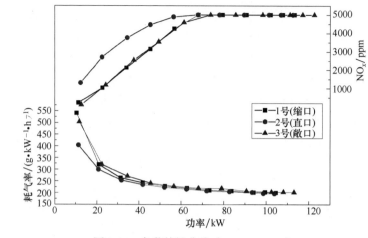

图 3-24　负荷特性曲线（ n=1600r/min ）

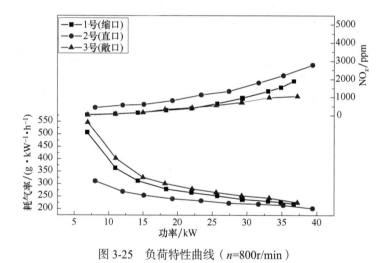

图 3-25　负荷特性曲线（ n=800r/min ）

　　综合数值模拟结果与试验结果，兼顾动力性、经济性与排放性，选用 2 号直口型燃烧室作为最优方案。

第4章

配气机构的改进设计及案例分析

在发动机的改进设计中，配气机构是发动机重要的组成部分，配气机构设计的合理与否，直接影响到发动机的燃烧及排放特性[100,101]。在配气机构中，配气凸轮型线是配气机构的核心部分，其设计合理与否直接关系到发动机的动力性、经济性和排放指标。本章针对原柴油机改装为火花点火天然气发动机后 HC 和 NO_x 排放过高的问题，对其配气机构进行了改进设计，并进行了样机试验研究，旨在满足动力性和经济性的前提下，降低 NO_x 和 HC 的排放。

4.1 配气机构设计原则及方法

以柴油机为原型机开发天然气发动机的过程中，由于天然气和柴油物化性质的不同以及燃料供给方式的本质区别，必须对配气机构进行重新设计。柴油机吸入的为新鲜空气，燃料在缸内喷射，较大的气门重叠角可以增大新鲜空气的充量系数且保证充分扫气，原柴油机气门重叠角为 30°CA；而研究开发的天然气发动机为单点喷射缸外预混合方式，通过进气道进入气缸的气体就是可燃混合气，与柴油机最大的区别就是不能有长时间的扫气过程，过大的气门重叠角使得发动机的扫气量过多，造成部分燃料未经燃烧而直接排出机外，以至于未燃 HC 排放过高。因此，需对发动机原有的配气相位进行修改设计，设计满足天然气发动机进排气要求的配气相位和凸轮型线。且 NO_x 排放与缸内的燃烧温度有着直接的关系，考虑到原机存在一定的功率潜力，因而可通过适当减小气门重叠角来降低未燃 HC 和 NO_x 的排放。

配气机构设计应主要从以下几个方面来综合评定：

① 良好的充气效率，以保证发动机的动力性。

② 较小的换气损失，以保证发动机的经济性。

③ 必要的燃烧室扫气作用，以保证高温零件的热负荷得以适当降低，保障运行的可靠性。

④ 合适的排气温度。

由柴油机改型设计的天然气发动机配气机构的设计主要包括配气相位和凸轮型线设计两部分。针对该单一燃料天然气发动机，具体要求新的凸轮型线应满足天然气发动机的工作要求，保证进气充分、排气彻底，具有较大的时面值或丰满系数，以获得良好的动力性，并做到工作平稳、无冲击和非正常磨损。

4.2 配气相位及凸轮型线的设计

4.2.1 配气相位的设计

本案例中，配气相位的优化方法为：首先应用 MATLAB 软件，在原机凸轮型线基础上进行型线设计，设计了多种不同重叠角方案的型线，结合设计原则及实际情况，初步选出 5 种方案，进一步用一维软件进行优化模拟计算，最后选定优化方案进行试验。具体新设计方案与原机的配气相位参数如表 4-1 所示，0 号为原机配气相位，1~5 号分别为新设计的 5 种方案。

◇ 表 4-1　发动机凸轮轴配气相位参数

参数	配气方案					
	0号	1号	2号	3号	4号	5号
进气门开/°CA BTDC	18.35	18.35	10.35	10.35	4.35	5.35
进气门关/°CA ABDC	37.65	37.65	37.65	37.65	37.65	37.65
排气门开/°CA BBDC	56.35	56.35	56.35	56.35	56.35	56.35
排气门关/°CA ATDC	11.65	0.65	5.65	0.65	0.65	-5.35
气门重叠角/°CA	30	19	16	11	5	0

4.2.2 凸轮型线的设计

配气凸轮型线优化设计的任务就是在确保配气机构能可靠工作的前提下，寻求最佳的凸轮设计参数。

配气凸轮升程曲线中的主要部分是基本段，故凸轮的分类与定名也参照基本段升程曲线的类型。一般凸轮可分为两大类：几何凸轮和函数凸轮。几何凸轮的主要缺点是加速度曲线有间断，对配气工作的平稳性不利。函数凸轮又包括组合式、整体式和动力修正式，其中高次方凸轮是应用较广泛的一种整体式函数凸轮[102]。

（1）设计理论

高次多项式型函数凸轮因其加速度曲线连续，没有突变，机构平稳性好，在国内外得到广泛的应用[103,104]。本节应用 MATLAB 软件设计了高次多项式型函数凸轮型线程序，凸轮型线分基本段和缓冲段，其基本段升程函数为高次方多项式，其升程与包角的函数公式如式（4-1）和式（4-2）所示。由于余弦缓冲只含两个任意调节的参数，即缓冲段升程和包角，计算较简单，且易于与一般的函数凸轮的基本段相接而保持二阶导数的连续性，因而本设计程序缓冲段应用余弦缓冲函数。

$$h = h(\alpha) = c_0 + c_P x^p + c_q x^q + c_r x^r + c_s x^s \tag{4-1}$$

$$x = 1 - \alpha / \alpha_B \tag{4-2}$$

式中　　p，q，r，s——正整数；

c_0，c_p，c_q，c_r，c_s——待定常数；

α，h——基本段始点，$\alpha=0$，$h=0$；

α_B——基本段半包角。

为验证凸轮型线设计程序的正确与否，将拟合曲线与原机进排气升程曲线进行对比，如图 4-1 所示。由图可知，计算值与原始值吻合较好。

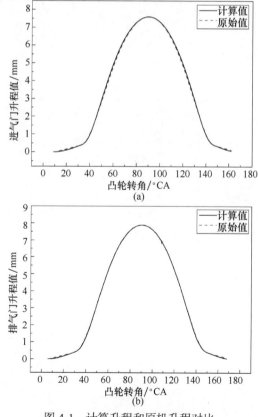

图 4-1　计算升程和原机升程对比

（a）进气凸轮；（b）排气凸轮

（2）不同凸轮轴型线设计

应用该程序对所设计的 5 种配气相位方案进行凸轮型线设计，缓冲段升程和包角均不变，进气升程和排气升程与原机一致。由配气相位表 4-2 可知，所设计的 5 种方案进气升程包角和排气升程包角均不大于原机。考虑到原机的负荷承受能力及运转的稳定性，在对新方案的型线设计中，给出了以下几个约束：

① 最小曲率半径不小于 2mm[102]。

② 所设计的凸轮型线产生的最大加速度与原机相比不大于 5%。

③ 丰满系数不小于原凸轮型线丰满系数的 3%。

表 4-2 为新设计方案与原机（0 号）凸轮型线参数对比。

◈ 表4-2　不同方案配气机构凸轮型线参数对比

方案	进气凸轮				排气凸轮			
	工作段半包角/（°）	最大加速度/（mm·rad⁻²）	丰满系数	最小曲率半径/mm	工作段半包角/（°）	最大加速度/（mm·rad⁻²）	丰满系数	最小曲率半径/mm
0 号	59	63.6	0.57	5.7	62	57	0.57	6
1 号	59	63.6	0.57	5.7	59.25	58.6	0.56	4.1
2 号	57	60.8	0.56	3.05	60.5	56.05	0.56	5.05
3 号	57	60.8	0.56	3.05	59.25	58.6	0.56	4.1
4 号	55.5	64.37	0.56	2.1	59.25	58.6	0.56	4.1
5 号	55.75	63.76	0.56	2.03	57.75	61.92	0.56	3.01

由表 4-2 可知，进气凸轮型线中，0 号与 1 号进气凸轮包角相同，2 号与 3 号相同，因此相同包角型线设计一致；排气凸轮型线中，1 号、3 号和 4 号的排气凸轮包角一致，因此设计型线是相同的。新设计的凸轮型线以及原方案的进排气挺柱升程曲线如图 4-2 所示。

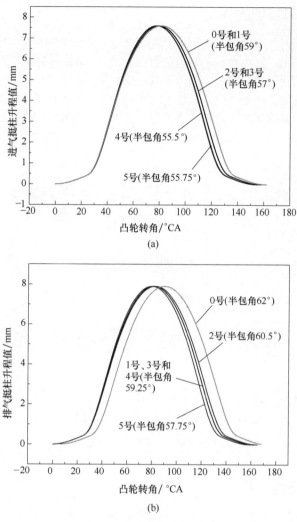

图 4-2 不同方案凸轮轴挺柱升程曲线

(a) 进气门升程曲线；(b) 排气门升程曲线

4.3 配气机构设计方案的评价及选择

要对新设计的 5 种配气方案逐一进行试验比较，经济上耗费大，且费时费力。使用仿真模拟分析对发动机的工作过程进行计算，可以对配气相位做出定量的分析。因此，本节应用一维软件 BOOST 模拟整机工作过程，通过应用几种新设计方案的配气相位及凸轮型线，模拟出该试验发动机的全负荷速度特性曲线，对发动机经济性和动力性进行比较，通过比较分析，选出两种优化方案。

4.3.1 一维计算模型的建立

根据所研究天然气发动机的实际元件布置建立了图 4-3 所示的一维计算模型，其结构参数为原机实际值，其中包括各管道的直径、长度，活塞连杆机构的结构参数和配气机构参数等；初始化设置的参数均为原机的试验数据。该一维计算中，缸内压力的计算是基于能量守恒定律，燃烧放热率模型有多种可选用，如表格模型、单韦伯函数、韦伯双区模型、双韦伯函数等方程计算。该模型中选用了单韦伯函数，缸内传热模型选用了Woschni 1978 模型，气道口传热选用 Zapf 模型。

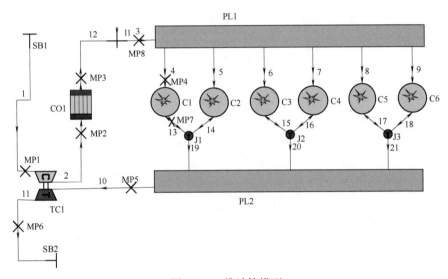

图 4-3　一维计算模型

4.3.2 计算模型验证

应用所建模型对发动机 0 号方案全负荷下的速度特性进行模拟，得出该发动机在不同转速下的扭矩、功率和耗气率曲线。图 4-4 所示为模拟结果与试验结果比较，从图中可以看出，计算结果与试验结果存在一定差别：扭矩在转速 1400r/min 时差别最大，其最大相对误差为 3.1%；耗气率在最高转速 2800r/min 时误差较大，其最大相对误差为 2.6%。说明该计算模型与实际情况基本相符，验证了模型构建以及计算模型选用的合理性，在此基础上进行的定量数值计算与分析具有可靠性。

4.3.3 不同计算方案的评价及选择分析

为了便于分析，做了不同方案的凸轮轴进排气门升程曲线，如图 4-5 所示。图 4-6 所示为不同配气方案的输出扭矩图，图 4-7 所示为不同配气方案的输出功率图，图 4-8 所示为不同配气方案的耗气率。

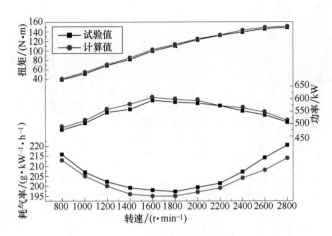

图 4-4　特性曲线对比

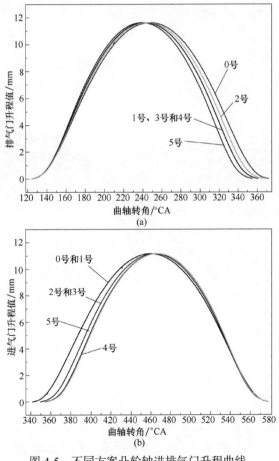

图 4-5　不同方案凸轮轴进排气门升程曲线

（a）排气门升程曲线；（b）进气门升程曲线

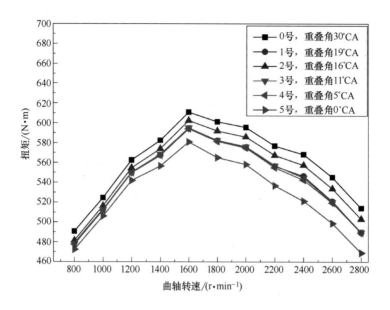

图 4-6   不同配气方案输出扭矩比较

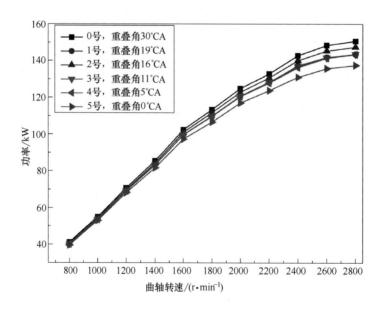

图 4-7   不同配气方案输出功率比较

从图 4-6 与图 4-7 中可以看出，0 号方案输出扭矩和功率最大，而 5 号方案（重叠角 0° CA）输出功率与扭矩最小。从扭矩图和功率图中还可以看出，输出功率和扭矩与重叠角并不是成线性比例关系。2 号方案（重叠角 16° CA）的扭矩与功率输出大于 1 号方案（重叠角 19° CA）。结合图 4-5 和图 4-6、图 4-7，输出功率与扭矩的大小主要与排气门关闭时刻的早晚有关，排气关闭得早，使得更多的废气残留于缸内，从而影响燃烧过程。而进气门开启时刻对功率与扭矩的输出影响较小。从耗气率曲线分析可知，低速时耗气率相差较小，随着转速的增加，0 号方案和 5 号方案耗气率较大，2 号方案在高速时略大于 3 号与 4 号方案。这主要是由于气门重叠角过大时，使得在扫气过程中流失部分可燃混合气，但气门重叠角过小时，如 5 号方案（重叠角 0° CA），又会因缸内残余废气过多使得燃烧过程恶化，燃烧不完全，因而耗气量也随之上升。

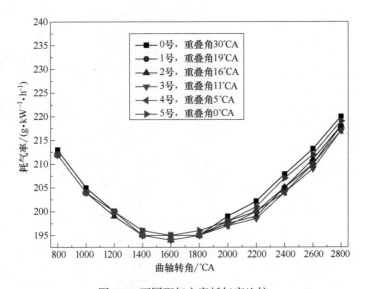

图 4-8　不同配气方案耗气率比较

对于所设计的 5 种方案，由于原机存在一定的功率潜力，旨在满足动力性的前提下通过降低气门重叠角来降低扫气过程中所损失的未燃 HC。从模拟结果中可知，5 号方案扭矩和功率分别为 570N · m 和 137kW，与原机相比，降低了 5% 和 8.7%，尽管目前也达到该试验机的动力性目标要求，但由于要进行进一步的稀燃试验，且从耗气率曲线可看出其缸内燃烧过程并非最佳。而 3 号和 4 号方案扭矩和功率与原机相比，降低了 2.8% 和 4.7%，且由低速到高速整个过程中耗气率也较低。因此，选用 3 号与 4 号方案进行后续试验。

4.4　配气机构对燃烧过程的影响研究

配气机构直接影响发动机的换气过程，影响发动机的充气效率，从而影响到燃烧过程及功率输出。本节主要通过试验来分析配气机构对燃烧过程的影响。试验发动机参数如表 3-1 所示。发动机的试验系统示意图如图 4-9 所示。该试验系统中使用的主要设备仪器如表 4-3 所示。

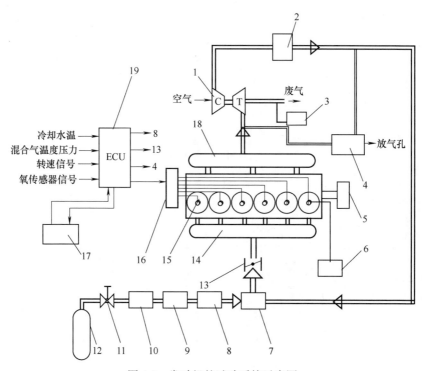

图 4-9 发动机的试验系统示意图

1—涡轮增压器；2—中冷器；3—排气分析仪；4—废气控制阀；5—测功机；6—燃烧分析仪；7—混合器；8—燃气计量阀；9—减压阀；10—燃气流量计；11—截止阀；12—CNG 气瓶；13—电子节气门；14—进气总管；15—火花塞；16—点火模块；17—测试 PC；18—排气总管；19—电控模块（ECU）

◇ 表4-3　主要设备仪器

名称	规格	制造厂家
内燃机测试自动控制台	CK440	东风汽车工程研究院
电涡流测功机	CW440	遂昌动力设备厂
大气压力表	ZBY-215	长春气象仪器有限公司
干湿温度仪	WS-2	上海通用仪表厂
U 形压力计	BY2000	重庆捍卫仪表厂

续表

名称	规格	制造厂家
高频开关稳压电源	JL181AAA	成都天成实业有限公司
CNG 流量计	3500P	美国罗斯蒙特公司
燃烧分析仪	DE-M0391E	奥地利德维创有限公司
测试 PC	A8	华硕电脑股份有限公司
空气过量系数仪	MEXA-200	日本堀厂 HORIBA
排气分析仪	BCA5000	成都倍诚分析技术有限公司

通过在火花点火天然气发动机上更换凸轮轴的方法来研究不同配气相位下的燃烧及排放,具体的配气凸轮轴相位如表 4-2 所示。由于火花点火天然气发动机各循环之间存在变动,为了排除循环变动造成的影响,应用燃烧分析仪对每个工况点测录 100 工作循环,然后对其进行平均。

4.4.1 燃烧特性分析

4.4.1.1 不同转速下的燃烧特性

图 4-10 所示为进气压力 175kPa、点火提前角 30°CA、过量空气系数为 1.41 时发动机安装不同凸轮轴在不同转速时的燃烧压力和放热率曲线。图中表明,随着气门重叠角的减小,燃烧压力峰值明显降低,压力峰值出现的时刻也略滞后。转速为 2800r/min 时,0 号方案压力峰值为 7.12MPa;3 号方案压力峰值比原机(0 号方案)降低了 18.5%;4 号方案压力峰值比原机降低 29.2%,这将使得原机功率有大幅降低。压力峰值出现的位置分别为:0 号方案出现在上止点后 19°CA,3 号方案出现在上止点后 22°CA,4 号方案出现在上止点后 20.5°CA。转速为 1600r/min 时,3 号方案与原机(0 号方案)相比,压力峰值比原机降低了 5%,而 4 号方案则比原机降低 32%。转速为 800r/min 时,3 号方案与原机相比,压力峰值仅比原机降低 6%,而 4 号方案则比原机降低 17%。从放热率曲线分析,随着气门重叠角的减小,放热率峰值降低且出现时刻后移。不同凸轮轴在 1600r/min 时的放热率曲线对比,与 2800r/min 时的趋势相同,但不同的是,3 号与 4 号放热率峰值大小及出现时刻与 0 号之间的差距有所降低。同样,800r/min 时的不同凸轮轴之间的放热率变化也出现相同趋势,峰值大小与出现时刻与原机的差距进一步减小。这主要是由于随着气门重叠角的减小,缸内残余废气增多,再加上残余废气对进气的加热作用,使得可燃混合气体充量降低,同时缸内残余废气还对可燃混合气起到一定的稀释作用。因此,使得着火延迟期增长,火焰传播速率下降。随转速降低,相对于曲轴转

角的着火延迟期有所减小，所以图 4-10 中不同气门重叠角方案的压力峰值和放热率峰值间的差距出现减小趋势。

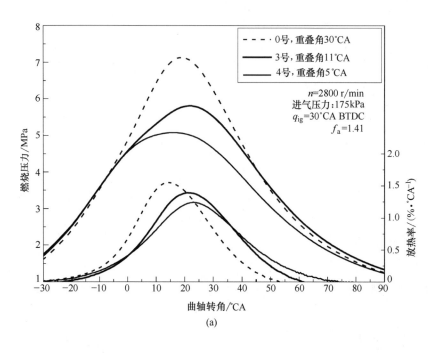

(a)

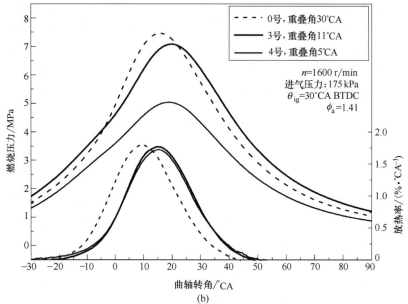

(b)

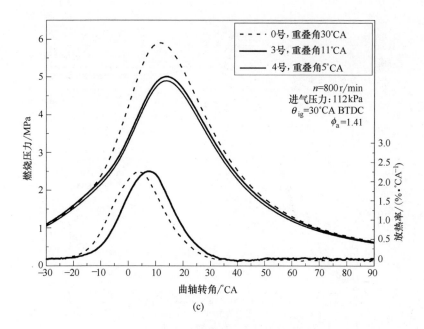

图 4-10　不同转速下的燃烧压力与放热率曲线

（a）2800r/min 时燃烧压力和放热率曲线；（b）1600r/min 时燃烧压力和放热率曲线；（c）800r/min 时燃烧压力和放热率曲线

　　火花点火发动机的燃烧过程可分为火焰发展期和快速燃烧期。火焰发展期指从火花跳火到累计放热率达 10%的曲轴转角；　快速燃烧期指从累计放热率 10%~90%的时间或曲轴转角。图 4-11 所示为不同转速时的累积放热率曲线，图中表明，重叠角 30° CA 的 0 号方案火焰发展期最短；在中高转速时，重叠角 11° CA 的 3 号方案火焰发展期最长；在低转速时，重叠角 11° CA 的 3 号方案与重叠角 5° CA 的 4 号方案的火焰发展期基本相等；随气门重叠角减小，快速燃烧期增长。这主要是由于缸内残余废气在稀释可燃混合气的同时，对可燃混合气还起到了一定的加热作用，这又将使得着火延迟期变短，因而从图 4-11 中可看到，4 号方案着火延迟期并不比 3 号长，随着转速的增大，使得相对于曲轴转角的着火延迟期和急燃期变长。因此，对于高速工况时，应适当增大点火提前角。

4.4.1.2　不同点火提前角的燃烧特性

　　图 4-12 所示为在转速 2800r/min、进气压力 175kPa、过量空气系数 1.41、点火提前角 35°CA 时不同方案的缸内压力和放热率曲线。表 4-4 所示为在转速 2800r/min、进气压力 175kPa、过量空气系数 1.41、点火提前角分别为 30°CA 和 35°CA 时不同方案的参数对比。

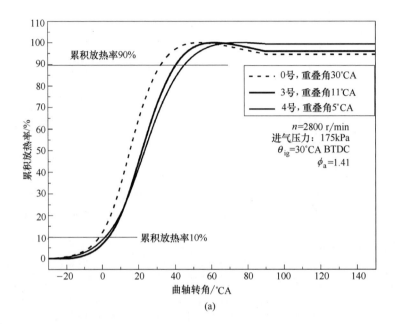

(a)

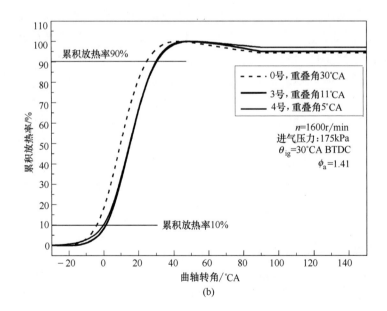

(b)

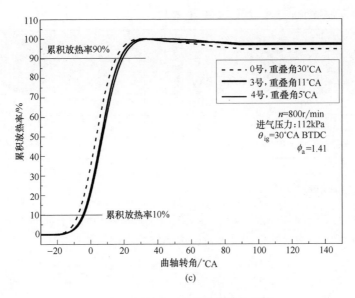

图 4-11　不同转速下的累积放热率曲线

（a）2800r/min 时累积放热率曲线；（b）1600r/min 时累积放热率曲线；（c）800r/min 时累积放热率曲线

　　由表 4-4 和图 4-12 可知，点火提前角增大，燃烧过程整体前移，3 号方案缸内压力峰值和放热率峰值均有大幅增长；而 4 号方案的压力峰值尽管也比 30° CA 点火提前角时有所增大，但其压力峰值还是远低于 0 号方案和 3 号方案。此时，发动机功率 0 号方案为 131.1kW，3 号方案为 132kW，4 号方案为 117kW；与 30° CA 点火提前角相比，0 号方案功率提高了 1%，3 号方案功率提高了 8%，4 号方案功率提高了 17%。这说明，在高速时通过适当增大点火提前角，可以有效改善燃烧状况。

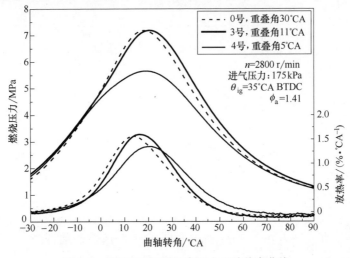

图 4-12　2800r/min 时缸内压力和放热率曲线

◇ 表4-4　不同曲轴转角时缸内压力和放热率参数对比

方案	压力峰值/MPa（出现时刻/ºCA）		放热率峰值/（%·ºCA⁻¹）（出现时刻/ºCA）	
	θ_{ig}=30ºCA	θ_{ig}=35ºCA	θ_{ig}=30ºCA	θ_{ig}=35ºCA
0	7.12/19	7.18/18.5	1.56/14.5	1.57/13.5
3	5.8/22	7.18/20	1.39/21	1.6/16
4	5.04/20.5	5.66/19	1.24/22	1.35/19

4.4.1.3　指示热效率

发动机的指示热效率指发动机实际循环的指示功率与所消耗的燃料热量的比值，如式（4-3）所示。指示热效率是评价缸内燃烧情况优劣的一个因素。图 4-13 所示为不同凸轮轴在不同转速下的指示热效率。

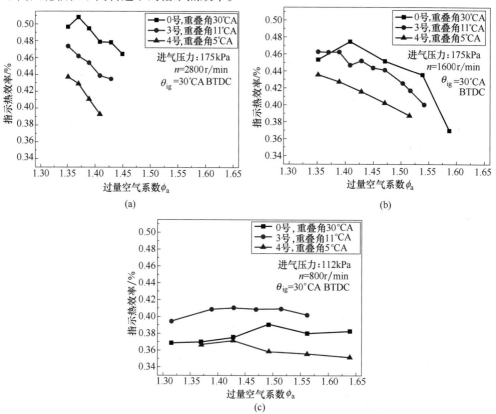

图 4-13　不同凸轮轴不同转速下的指示热效率曲线

（a）2800r/min 下的指示热效率；（b）1600r/min 下的指示热效率；（c）800r/min 下的指示热效率

$$\eta_i = 3.6 \times 10^3 P_i / (B \times Hu)$$ （4-3）

式中　P_i——发动机指示功率，kW；

　　　Hu——天然气低热值，kJ/kg；

　　　B——每小时燃料消耗量，g/（kW·h）。

图 4-13 为转速 2800r/min、1600r/min、800r/min 下匹配不同凸轮轴时的指示热效率曲线，图中表明，随着转速的降低，指示热效率降低。主要是由于当转速降低时，缸内气流扰动减弱，火焰传播速度低，燃烧持续期增长，散热及漏气损失增加，因此指示热效率有降低趋势。

在转速为 2800r/min 和 1600r/min 时，随着过量空气系数的增大，指示热效率明显降低。主要原因在于随着过量空气系数的增大，缸内可燃混合气变稀，使着火延迟期和火焰传播期增长，从而使得热效率下降。转速为 800r/min 时，尽管随着过量空气系数增大，缸内混合气变稀，但因转速较低，从而使得按曲轴转角计的着火延迟期变化较小，出现了转速 800r/min 时指示热效率随过量空气系数变化较为平缓的结果。

转速为 2800r/min 时，指示热效率随气门重叠角的减小而减小，其主要原因在于随着气门重叠角的减小，缸内残留废气增多，使得燃烧放热率降低，放热过程变长，燃烧稳定性变差，致使燃烧热效率降低。转速为 1600r/min 时，指示热效率如图 4-13（b）所示，在过量空气系数较小时，3 号凸轮轴热效率大于 0 号，这可能是由于安装 0 号凸轮轴时气门重叠角大，导致扫气量大，当过量空气系数较小时，扫气过程将扫出部分较浓的未燃气体，使得燃料消耗增大，因此其相应的热效率降低。在低转速 800r/min 时，由图 4-13（c）可以看出，指示热效率与气门重叠角的关系与中高转速有所不同，3 号凸轮轴的热效率超过了 0 号凸轮轴。这是由于在低转速时，过大的气门重叠角使得扫气时间变长，扫出的未燃气体的量相应增加，使得 3 号凸轮轴的热效率超过了 0 号凸轮轴。而 4 号凸轮轴因其过小的气门重叠角使得缸内残余废气较多，使得燃烧着火延迟期变长，燃烧放热率降低，导致指示热效率降低。

4.4.2　排放分析

4.4.2.1　NO$_x$排放

图 4-14 所示为节气门全开工况下，点火提前角 30°CA 时，不同凸轮轴在不同的转速和不同过量空气系数下的 NO$_x$排放比较。

高温、富氧以及氧与氮在高温下滞留的时间是决定燃烧过程中 NO$_x$生成率大小的三要素，其中高温是关键因素，当温度大于 1800K 时，NO$_x$的生成将随温度的升高而呈指数急剧增加。由图 4-14 可知，随着过量空气系数的增大，NO$_x$排放明显降低；在相同的转速及进气压力下，NO$_x$排放随气门重叠角的减小而减少。这是由于过量空气系数增大，缸内燃烧温度明显下降，导致 NO_x 生成量减少；进气门晚开，排气门早关，减小了气门重叠角，使得从缸内排出的废气较少，更多的残余废气留在缸内，同时吸入可燃混合气也相对减少，这样使得一部分残余的废气参与缸内的燃烧，因为废气中的主要成分是 CO_2、H_2O、N_2 等多原子气体，而多原子气体的比热容比较高，当新鲜可燃混合气和废气混合后，热容量也随之增大。加热这种经过废气稀释后的气体，温度每升高一度所需的热量也随之增加，因此降低了最高燃烧温度[105,106]，从而抑制了 NO_x 的生成。

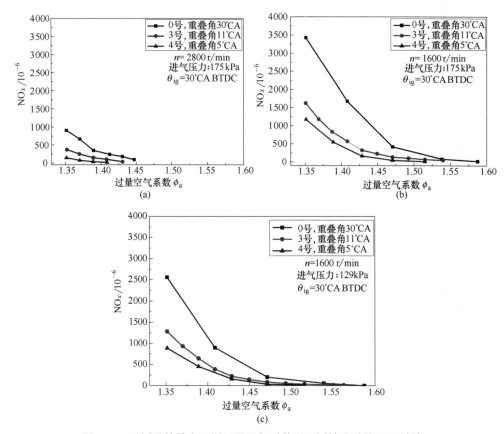

图 4-14 不同凸轮轴在不同过量空气系数和不同转速时的 NO_x 排放

（a）2800r/min、175kPa 时的 NO_x 排放；（b）1600r/min、175kPa 时的 NO_x 排放；（c）1600r/min、129kPa 时的 NO_x 排放

从图 4-14 还可以发现，相同凸轮轴在相同点火提前角和相同过量空气系数下，进气压力一定时，随着转速的升高，NO_x 排放逐渐降低；当转速一定时，随进气压力的减小，NO_x 排放降低。这主要是由于残余废气系数主要取决于发动机的负荷和转速，提高转速，使得发动机进气阻力加大，缸内残余废气增多，残余废气系数增大，废气对新鲜可燃混合气稀释作用增大，使得缸内燃烧温度降低，从而造成在 2800r/min 时的 NO_x 排

放量较低的现象。在相同的转速下，进气压力减小，即减小了节气门开度，负荷减小，同样使得进气阻力增大，残余废气系数增大，使得缸内燃烧温度降低。因此，在相同转速下，随进气压力降低，NO_x 排放也有所降低。

由图 4-14 可知，当过量空气系数为 1.35 时，在转速为 2800r/min、进气压力为 175kPa 时，3 号凸轮轴与 0 号凸轮轴相比 NO_x 排放降低了 60%，4 号凸轮轴与 0 号凸轮轴相比 NO_x 排放降低了 76%；在转速为 1600r/min、进气压力为 175kPa 时，3 号凸轮轴和 4 号凸轮轴 NO_x 排放分别比 0 号凸轮轴 NO_x 排放降低了 51%和65%；在转速为1600r/min、进气压力为 129kPa 时，3 号凸轮轴和 4 号凸轮轴 NO_x 排放分别比 0 号凸轮轴 NO_x 排放降低了 50%和 64%。由此可知，通过减小气门重叠角，NO_x 排放可得到明显改善。

4.4.2.2　HC 排放

HC 排放主要是在燃烧过程中未来得及燃烧或未完全燃烧的 HC 燃料。由图 4-15 可知，随着过量空气系数的增大，HC 排放逐渐增大。随着气门重叠角的减小，不同转速时的 HC 变化趋势不完全相同，2800r/min 时，重叠角 5° CA 的 4 号方案 HC 排放最高，而重叠角 11° CA 的 3 号方案 HC 排放最低；1600r/min 时，当过量空气系数小于 1.48 时，随气门重叠角的减小，HC 排放降低，当过量空气系数大于 1.48 后，可以看到重叠角 5° CA 的 4 号凸轮轴的 HC 排放急速上升。在 1600r/min 时，对于相同的凸轮轴，随着负荷的减小，HC 排放有所增大。

这主要是由以下几方面原因造成的：

① 随着过量空气系数增大，可燃混合气变稀，使燃烧品质下降，失火的可能性增大，导致 HC 排放增加。

② 随着气门重叠角的减小，因扫气而排出的未燃 HC 减少。但由于缸内残余废气系数增大，又会使燃烧速率降低，HC 排放量增加。

③ 在高转速时，进气阻力增大，缸内残余废气系数增大，且每循环的燃烧时间变短，过小的气门重叠角使得由于燃烧品质下降而生成的 HC 大于因减小气门重叠角而降低的 HC 排量，从而得出如图 4-15（a）所示的试验结果。

④ 过小的气门重叠角使得缸内残余废气较多，对于相同凸轮轴方案，在相同转速下减小进气压力，将使得进气阻力加大，导致缸内残余废气系数增大，在这种情况下，吸入较稀的可燃混合气，这将会导致燃烧温度降低，燃烧不完全，使得 HC 排放急速上升，如图 4-15（b）和（c）所示结果。

图 4-15（c）中所标出的 1 和 2 两个工况点，HC 排放都较大，但其生成原因不同，1 点主要是由于大的气门重叠角导致扫气过程中未燃 HC 排出多，再加上在过稀混合气时燃烧不完全，因而排出 HC 高；而 2 点主要是由于过小的气门重叠角，在较稀的混合气时，使得缸内燃烧不稳定，造成 HC 热排放在过量空气系数大于 1.48 时急剧升高。

由图 4-15 得出，大的气门重叠角时（原机），其稀燃能力强，但 HC 排放较高。小的气门重叠角在中低转速时 HC 排放较低，但稀燃能力略差。因此，并不是一味地减小气门重叠角就可以减少 HC 排放，要综合考虑，在减小气门重叠角的同时还要考虑到缸内的燃烧稳定性。

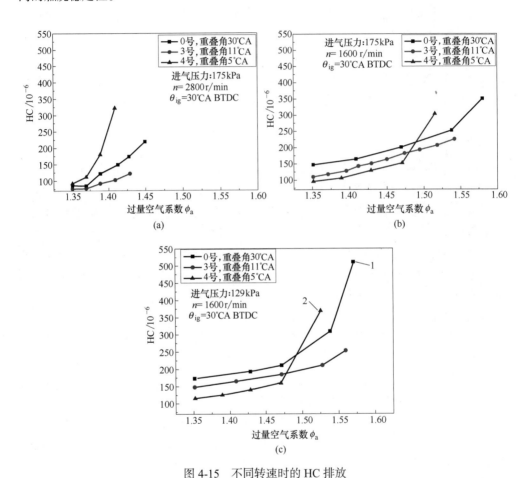

图 4-15　不同转速时的 HC 排放

（a）2800r/min、175kPa 时的 HC 排放；（b）1600r/min、175kPa 时的 HC 排放；
（c）1600r/min、129kPa 时的 HC 排放

第 5 章

进气道的优化设计及案例分析

发动机进气道的流动特性是影响燃烧系统整体性能的关键要素之一，产生合适涡流比和小流通阻力的气道也是气道设计研究的评价标准。应用现代设计方法与先进模拟技术，对内燃机气道进行三维造型及三维流体计算，以实现对发动机气道的快速设计与分析。

本章介绍由柴油机改装火花点火天然气发动机的进气道优化设计及案例分析。原柴油机为促进燃油与空气的混合，促进燃烧，采用的是能产生较大涡流比的螺旋进气道；而新设计的天然气发动机为火花点火式，为了使进气道适用于点燃式天然气发动机，保证火焰核稳定点火，促进火焰向外传播，在原机缸盖不做大的改动的情况下对螺旋进气道进行改进设计，对原机气道与新设计气道分别进行稳态流动和瞬态流动三维数值模拟计算，旨在探求气道形状对进气流动和燃烧过程的影响，寻求适宜于点燃式天然气发动机的进气道。

5.1 进气道的流通特性及相关参数

5.1.1 进气道的流通特性评价参数

进气道的流体通过能力和形成涡流的能力是进气道的主要评价指标。通常应用流通系数和涡流比来评价进气道的流体通过能力和形成涡流的能力。

（1）流通系数 $\mu\sigma$

$$\mu\sigma=m_v/m_t \tag{5-1}$$

式中　　m_v——通过气道的实际空气质量流量，kg/s；

$\quad\quad\quad m_t$——在 Δp 压差下理论上无损失地流过气道自由控制截面 $F_p=d_v^2\pi/4$（d_v 为气门座内径，m）的空气质量流量，kg/s；

$\quad\quad\quad \mu$——流量系数；

$\quad\quad\quad \sigma=F_V/F_p$——阻隔系数，为气门与气门座间的流通截面 F_V 与自由控制截面 F_p 之比。

$$m_v = \alpha_0 \varepsilon F_0 \sqrt{2000 \rho_1 (P_1 - P_2)} = \eta \sqrt{\rho_1 \Delta P_k} \qquad (5\text{-}2)$$

式中　　　　α_0——孔板的流量系数；

　　　　　　ε——压缩系数；

　　　　　　F_0——孔板孔的截面积，m^2；

　　　　　　η——孔板流量计系数，对于确定的流量计，η 为已知；

　　$\Delta P_k = P_1 - P_2$——孔板前后压差，kPa；

　　　　　　ρ_1——孔板前空气密度，kg/m^3。

（2）涡流比 n_d/n

$$n_d / n = n_d \rho V_s / (30 m_v) \qquad (5\text{-}3)$$

式中　n_d——叶片风速仪转速，r/s；

　　　n——假想的内燃机转速，它是由试验缸套内的活塞平均速度 c_m 推算得出的，r/s；

　　　V_s——气缸工作容积，m^3；

　　　m_v——通过气道的实际空气质量流量，kg/s。

对涡流比的整体评价常用的评价方法有 AVL 方法、Ricardo 方法、FEV 方法、DCS 方法等，但不管是用轴向流速评价、质量流量评价还是用体积流量评价，本质上讲最后所评价的都应是对进气终点时刻气缸内气体所具有的总动量矩的表述。鉴于本书涉及的课题工作过程模拟计算采用 AVL 的 FIRE 开发软件，这里引用了 AVL 的平均流通系数和平均涡流比的概念[84]。

平均流通系数：

$$(\mu\sigma)_m = \left[\frac{1}{\pi} \int_0^\pi \left(\frac{1}{(\mu\sigma)^2} \times \frac{c(\alpha)}{c_m} \right)^3 d\alpha \right]^{-1/2} \qquad (5\text{-}4)$$

平均涡流比：

$$\left(\frac{n_d}{n} \right)_m = \frac{1}{\pi} \int_0^\pi \frac{n_d}{n} \left(\frac{c(\alpha)}{c_m} \right)^2 d\alpha \qquad (5\text{-}5)$$

式中　　　α——以弧度计的曲轴转角；

　　$c(\alpha)/c_m$——活塞速度与活塞平均速度之比。

5.1.2　进气道调整结构参数的确定

按气体流动性质可以把该进气道分为两部分：一部分是从进气口到 A—A 截面的渐

缩加速段,一部分是之后的螺旋气道段。螺旋气道段又分为上下两部分:上部为涡流形成区,以气门导管凸台端面为界;下部为没有进入涡流形成区的气体,以切向气流的形式进入气缸的通道。也就是说,离开气道的气流由旋流和切向流两部分组成。

由图 5-1 本案例原型柴油机的螺旋气道可以看出,影响气流流向和流速的主要结构参数有:气道上倾角 β、气道下倾角 α、螺旋角 γ、涡流室高度 H、螺旋段终点角 θ 以及构成气道两侧曲面的曲率,其他参数基本上受以上参数控制。首先,构成气道两侧的曲面对涡流比和流通系数的影响是巨大的,但对于形成涡流室的侧曲面必须先通过数学手段保证构成曲面的曲率半径是连续光顺的,而且每一高度的曲线应是二阶以上连续的,否则在进气过程中会形成气道内紊流,从而增大流动阻力、降低流通系数,甚至会使进气道内压力产生非正常波动,所以,单独靠试验来修正这两个曲面是有问题的,这里只评价其他几个结构参数对气道流通性能的影响。原型机螺旋进气道结构参数如表 5-1 所示。

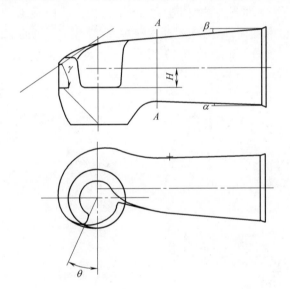

图 5-1 本案例原型柴油机的螺旋气道

◇ 表 5-1 原型机螺旋进气道结构参数

参数	β	α	γ	θ	H/mm
数值	4°30′	2°3′	15°	25°	13

5.2 原机进气道 CFD 分析研究

本节首先对原机进气道进行 CFD 计算。由于气道形状的不规则性,其网格划分显得尤为重要，因此进行几种不同形式的网格划分，通过与稳流试验结果相比较，确定出计算耗时少、收敛速度快、计算精度高的网格，同时验证模型及边界选取的合理性，在此基础上再进行新气道的设计与分析。

5.2.1　几何建模

螺旋气道形状复杂，外表面为复杂的自由曲面，用常规的测量系统是难以对它的外形进行高精度测量的。本书中气道模型由原机缸盖采用逆向造型方法获得，可保证所得气道外形与真实物体的形状完全一致。首先通过往气道中注入硅胶，然后取出，将零件的内表面变成外表面，用无接触三维激光扫描仪测量该硅胶表面，得到气道的原始内表面点云图，如图 5-2（a）所示；接着应用 imageware 软件对点云进行适当处理，再运用三维 CAD 软件，通过系列平行截面来截取点云，得到一些特征点，通过这一系列特征点构建出一系列曲线和曲面，然后通过曲线网格命令，生成气道曲面，运用封闭与缝合的方法，得到进气道实体，如图 5-2（b）所示；最后通过运用布尔运算，将气道、稳压箱和气缸筒模型合并成一个整体，如图 5-2（c）所示。

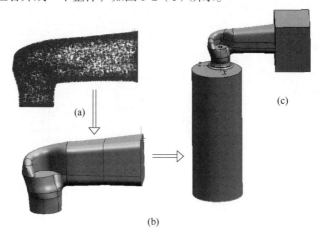

图 5-2　几何模型的建立

（a）原始内表面点云图；（b）进气道实体；（c）合并成一个整体

5.2.2　网格生成

在模拟计算之前，首先要生成计算网格。合理的网格划分是保证计算合理性的前提条件，网格生成的好坏直接影响计算模拟的准确性。本节中将 CAD 模型以 STL 格式导入 FIRE 软件，进行体网格划分。针对螺旋进气道外形复杂的特点，应用贴体网格的生成技术，首先生成边缘线；再在 STL 格式的模型上，对关键流域进行选择，如气道与气缸交接处、阀门、阀座等位置生成网格时对其进行进一步细化，再利用 FAME 技术自动生成非结构化网格，如图 5-3 所示。本节中，根据不同的细化程度，在气门升程为 7mm 时，分别生成 5 套不同的网格，如表 5-2 所示，来寻求计算耗时少、收敛速度快、计算精度高的网格。

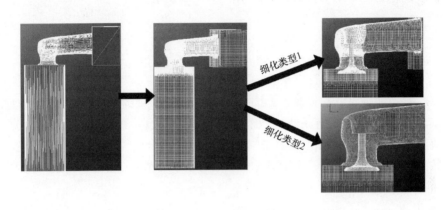

图 5-3 计算网格的划分

◇ 表 5-2 不同网格划分及其计算结果

编号	细化程度			网格数目	计算速度		计算结果	
	最大网格尺寸/mm	最小网格尺寸/mm	局部细化类型		收敛步数	耗时/h	流量系数	涡流比
I	5	0.3125	2	644335	1726	12.9	0.480	1.62
II	5	0.3125	1	326291	1123	4.65	0.480	1.45
III	4	0.25	1	592529	1158	10.03	0.501	1.63
IV	4	0.25	2	453827	1062	6.5	0.484	1.61
V	3	0.1875	1	1118211	1564	31.6	0.49	1.65

5.2.3 计算模型与边界设置

5.2.3.1 计算模型

本节中，缸内的气体流动模拟是根据基本的守恒定律，即质量守恒、动量守恒和能量守恒来求解平均输运方程，为使方程组封闭，必须建立模型。本节采用了经过压缩修正的 $k\text{-}\varepsilon$ 双方程湍流模型。具体的控制方程和湍流模型方程如第 2 章所述。

5.2.3.2　边界条件

对进气道进行稳态模拟时，空气从方形缓冲体前表面进入，从气缸底部流出。进口为总压入口，总压为 101.3kPa，温度为 293.15K，出口采用静压出口，进口与出口压差为 2500Pa，与试验条件相同。进口边界的湍动能与湍流长度尺度通过公式计算得出。湍动能 k 和湍流长度 l 的计算如式（5-6）和式（5-7）所示。

$$k = \frac{3}{2}u^2 \tag{5-6}$$

式中　u——湍流脉动速度，根据 AVL 提供的经验公式计算。

$$l = 0.07L \tag{5-7}$$

式中　L——关联尺寸，根据参考文献[107]，对于充分发展的湍流，取 L 为水力直径。

壁面温度采用绝热边界条件，壁面速度采用无滑移边界条件。在近壁区，分子黏性和湍流黏性具有相同的数量级，因此，湍流模型不再适合此区域。如第 2 章所述，在高雷诺数湍流模型中，通常采用壁面函数来描述近壁区边界层的速度、温度、湍流等参数的分布情况。

5.2.3.3　方程的离散与求解

在进行进气道稳流计算的过程中，采用有限体积法对连续性方程、动量守恒方程和能量守恒方程三个流体控制方程进行迭代求解。边界计算使用外推法插值，压力场采用 SIMPLE 法求解。差分格式中，动量方程、连续性方程和湍流方程使用中心差分格式，对能量方程采用迎风格式。

5.2.4　计算结果及分析

在进行数值计算前，首先将原机气道在稳流试验台上进行试验，用以验证计算模型的正确性。在气门升程为 5~11mm 时进行了试验。模拟气缸中放置叶片风速仪测量涡流转速，叶片风速仪布置在距缸盖底平面 1.75 倍缸径位置处（178.5mm）。试验结果如表 5-3 所示。

◇ 表 5-3　稳流试验结果

参数	升程/mm						
	5	6	7	8	9	10	11
流量系数	0.46	0.51	0.53	0.57	0.59	0.60	0.60
涡流比	1.513	1.575	1.695	1.784	1.855	1.866	1.866

通过对几套细化程度不同的网格在相同气门升程时的数值计算结果与试验结果进

行比较，得出较适宜的网格划分。将表 5-3 在气门升程为 7 时的结果与表 5-2 中计算结果相比较，可以看出，综合考虑计算时间与计算精度，第Ⅲ套网格是最优选择。

　　采用第Ⅲ套网格划分形式，对原机进行了不同气门升程时的稳态流动计算。分别对气门升程为 5mm、7mm、9mm、11mm 时进行稳态数值模拟，通过计算，得出不同气门升程时的涡流比与流量系数。不同气门升程下数值模拟计算结果与稳流试验结果如图 5-4 所示。

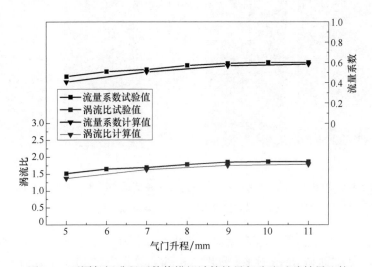

图 5-4　不同气门升程下数值模拟计算结果与稳流试验结果比较

　　从图中可以看出，流量系数和涡流比随气门升程的变化趋势与试验结果相同。流量系数的计算值相对试验值偏差较小，小升程时涡流比的计算值与试验值相差略大，最大偏差为 9.48%。小升程时偏差略大的原因可能是小升程时，气流流通截面小，壁面函数模型在高雷诺数下呈现出精度低的特点[108]，同时小升程时，试验中气流也非常不稳定，测量误差加大，因此会出现小升程时计算值和试验值偏差较大，但总的来说，实验值与计算值基本上是吻合的，验证了计算边界设定以及模型选取的合理性。

　　应用 CFD 进行气道计算，除了可以得到各升程下涡流比和流量系数外，还可以获得模拟试验中难以得到的缸内气体流动信息。下面以实际案例来对缸内气体流动进行分析。

　　图 5-5 所示为原机在升程为 11mm 时表面流速分布和流动迹线图，从图中可以看出流场迹线图与实际的流场较为吻合。气体由螺旋气道进口流入，经管道部分流向气道最小截面处，经过该截面后，气体大致分成两股流入气道头部，一股沿着蜗壳螺旋壁面绕气门中心旋转，另一股在气门导管凸台和气道底坡角的导向下通过进气门流入气缸。由于气道螺旋室的导向作用，气体在气道的螺旋部分产生强烈的旋转流动，又由于气道出口处的截面为渐缩的，加速气流与气阀、阀座和气缸壁的碰撞，形成复杂的旋转运动。

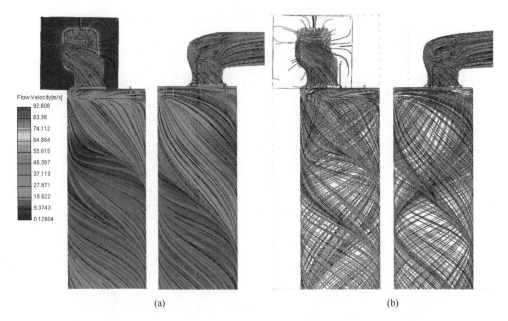

(a)　　　　　　　　　　　　　(b)

图 5-5　原机升程为 11mm 时表面流速分布和流动迹线图（见书后彩插）

（a）气体流速分布图；（b）气体流动迹线图

　　为了便于分析缸内气体的流动情况，分别截取纵截面与横截面。纵截面取通过进气阀中心的 A—A 截面和 B—B 截面，如图 5-6（a）所示。气阀中心坐标为（x=-0.023，y=0.008，z=0），A—A 截面为 y=0.008m，B—B 截面为 x=-0.023m。横截面按图 5-6（b）中所示来取，分别取 z=-0.03m、z=-0.1m、z=-0.1785m 处为叶片风速仪放置处。

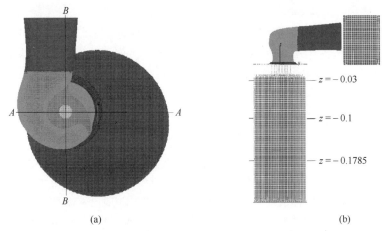

(a)　　　　　　　　　　　　　(b)

图 5-6　纵横截面分析说明示意图（坐标原点：x=0，y=0，z=0）

（a）A—A 截面和 B—B 截面；（b）横截面选取

图 5-7 和图 5-8 所示分别为气门升程为 3mm、7mm、11mm 时缸内气体流动的纵截面和横截面比较。由图 5-7 的纵截面图中可以看出，$A—A$ 截面在不同气门升程时都有一个垂直的涡旋存于气门右下方。整个气缸内垂直方向的涡旋并不明显。升程为 3mm 时，垂直涡旋存在于右上角，随着气门升程的增大，此涡旋向下向左偏移。这主要是由于受到进气门的影响，在进气门的影响下，形成了这个垂直方向的涡流，一般又称为小尺度滚流。由图 5-7 的 $B—B$ 截面可知，随着气门升程的增大，截面内最大速度增大，气门升程较小时，气流最大速度出现在气门与阀座环带处，当气门升程为 11mm 时，气流最大速度出现在气道喉口和气门与阀座环带处。从升程为 11mm 的 $B—B$ 截面以看出，在截面右侧有垂直涡旋出现，这是由于加速的气流与气阀、阀座和气缸壁的碰撞，导致此处出现了一个较大尺度的涡旋。

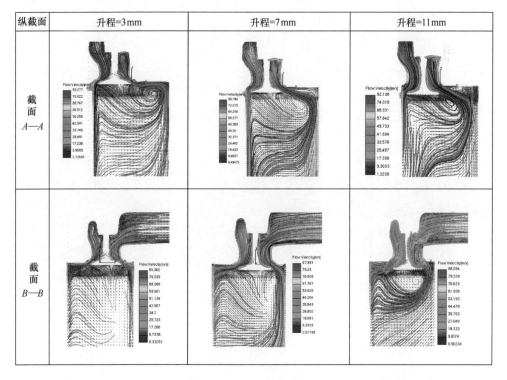

图 5-7　不同气门升程时缸内气体流动纵截面比较（见书后彩插）

图 5-8 所示为不同气门升程下，不同横截面的流速矢量和迹线图。当 $z=-0.03$ 时，即在缸盖下 30mm 处水平面上，不同气门升程时截面上气流分布有所不同。当气门升程为 3mm 时，此位置截面上有两个较大的逆向涡流，随着气门升程的增大，可以看出涡流分为两个部分：一部分是绕气阀中心旋转，由螺旋室的导向作用形成；另一部分绕气

缸中心旋转,由气道出口离气缸壁很近的气流碰撞形成。这一现象说明气门升程较小时,气流受气道影响较小,主要受气门影响,两股反向的气流在气缸壁的引导下形成了反向涡流。一般来说,随着气流距离气阀越来越远,气流逐渐稳定为沿逆时针方向旋转的涡旋,旋转中心基本稳定在气缸中心线上。但从图中可以看出,气门升程为 3mm 时,直到在气缸盖下 178.5mm(1.75D)的平面上,依然有两个涡旋存在,主涡越来越大,而副涡则越来越弱。当升程为 7mm 和 11mm 时,缸内水平面内的涡流距缸盖越来越远,逐步融合为一个逆时针方向的涡流,旋转中心也越来越接近气缸中心。由图 5-8 可以看出,升程为 11mm 时,在气缸盖下 178.5mm 的平面上,涡流的旋转中心已稳定在气缸中心线上。

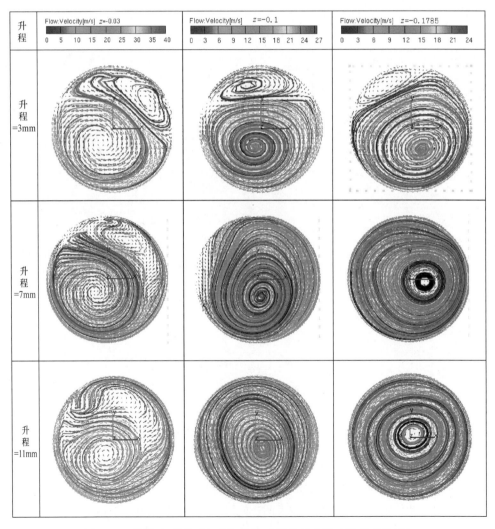

图 5-8　不同气门升程时缸内气体流动横截面比较(见书后彩插)

5.3　不同气道形状 CAD 设计及 CFD 计算

5.3.1　不同气道形状的设计

气道的形状会直接影响缸内气体的流动，改变气道的形状参数则会使气体的流动性能发生改变，宏观上可以表现为流量系数和涡流比的变化。气道的形状参数有很多，本节中主要针对对气体流动性能有重要影响的两个参数进行改变，图 5-9 所示为气道正视与俯视示意图，对气道进行的参数变化如表 5-4 所示。其中，H 为气门室高度。气门室高度的大小会影响气流中切向成分，即影响进气道的涡流情况，过大或过小均不好。θ 为涡壳的相对尺寸。进气道的涡壳是由最小截面开始向前几乎转过一圈在气门座上方形成的螺旋形壳腔。气流经此涡壳而急剧转变流动方向，形成强烈的涡旋。涡壳的相对尺寸对涡流强度有决定性的影响。

0 号为原机气道，在原进气道的基础上分别设计三个新的气道，以期在流量系数变化不大的情况下改变其涡流，分析不同涡流强度对气体的流动和点火以及燃烧过程所带来的影响，旨在寻求适宜于该天然气发动机的进气道。图 5-10 所示为在原进气道基础上新设计的气道形状。

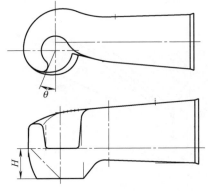

图 5-9　气道正视与俯视示意图

◇ 表 5-4　不同气道形状参数

气道	H/mm	θ / (°)
0 号	24	25
1 号	30	25
2 号	30	35
3 号	14	25

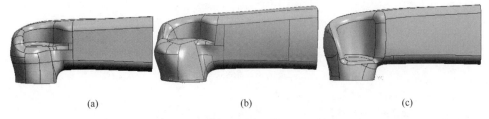

(a)　　　　　　　　　(b)　　　　　　　　　(c)

图 5-10　不同形状气道 CAD 实体图

（a）1 号；（b）2 号；（c）3 号

5.3.2 不同气道形状的稳态计算结果及分析

应用三维模拟软件对三个不同形状的进气道进行网格划分和数值计算，计算模型、边界条件和计算方法与原机数值计算方法相同，在此不再赘述。

5.3.2.1 气道形状对涡流比和流量系数的影响

图 5-11 和图 5-12 为所设计的进气道与原机进气道在不同气门升程时的涡流比和流量系数。从图中可以看出，随着气门升程的增大，涡流比增大，流量系数增大。由图 5-11 可知，3 号气道因其气门室高度最低，涡壳旋转角度大，所以在不同气门升程时，其涡流比均最大，但由图 5-12 可知，其流量系数也是最小的。2 号进气道因增大了气门室高度且减小了涡壳旋转角度，所以在不同气门升程下其涡流比最小。而 1 号进气道其涡流比原机气道有所降低，但其流量系数比采用原机气道时有所提高。从图 5-12 中可以得知，小气门升程时，2 号流量系数最大；大气门升程时，1 号流量系数最大。计算结果符合初步的设计构思。

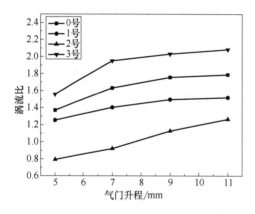

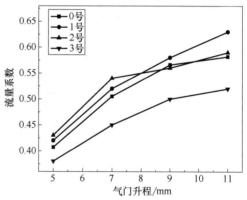

图 5-11 不同气门升程下的涡流比   图 5-12 不同气门升程下的流量系数

（1）平均流量系数

$$\mu_{\sigma} = \frac{m}{m_{\text{theory}}} \tag{5-8}$$

式中 m——实际质量流量；

    m_{theory}——理论质量流量；

    μ_{σ}——流量系数。

$$m_{\text{theory}} = A_{\text{v}}\rho\sqrt{\frac{2\Delta p}{\rho_{\text{m}}}} \tag{5-9}$$

式中　ρ——气缸内气体密度;

　　　ρ_{m}——进口与出口的平均密度。

$$(\mu_\sigma)_{\text{m}} = \frac{1}{\sqrt{\dfrac{1}{\pi}\displaystyle\int_0^\pi \left(\dfrac{c(\alpha)}{c_{\text{m}}}\right)^3 \dfrac{1}{\mu_\sigma^2}\,\mathrm{d}\alpha}} \tag{5-10}$$

式中　$c(\alpha)$——对应于曲轴转角 α 的瞬时活塞速度, m/s;

　　　c_{m}——活塞平均速度, m/s。

（2）平均涡流比计算

$$\left(\frac{n_{\text{D}}}{n}\right)_{\text{m}} = \frac{1}{\pi}\int_0^\pi \frac{n_{\text{D}}}{n}\left(\frac{c(\alpha)}{c_{\text{m}}}\right)^2\,\mathrm{d}\alpha \tag{5-11}$$

式中　n_{D}——叶轮转速;

　　　n——发动机虚拟转速。

（3）平均流量系数和平均涡流比计算结果如表 5-5 所示。

◇　表5-5　平均流量系数和平均涡流比计算结果

进气道号	平均流量系数	与原气道比较	平均涡流比	与原气道比较
0 号	0.492	—	2.125	—
1 号	0.515	增大 4.67%	1.872	降低 11.9%
2 号	0.503	增大 2.23%	1.57	降低 26.1%
3 号	0.419	降低 14.8%	2.475	增大 16.4%

由表 5-5 可知, 新设计的 1 号和 2 号进气道, 流量系数均有所提高, 改善了进气系统的流动特性, 其对于发动机动力性和经济性的影响还需要进行试验验证。

5.3.2.2　气道形状对缸内气体流动的影响

由于不同气门升程时, 缸内不同截面气体流动变化趋势具有一致性, 因此本小节主要分析在同一气门升程下不同气道形状对缸内气体流动的影响。在此主要分析气门升程为 11mm 时的缸内气体流动情况。分别取纵截面与横截面。纵截面取通过进气阀中心的 A—A 截面和 B—B 截面, 如图 5-6（a）所示。横截面按图 5-6（b）所示来取。图 5-13 所示为不同形状气道时缸内纵截面气体流速分布、速度矢量以及速度迹线图。

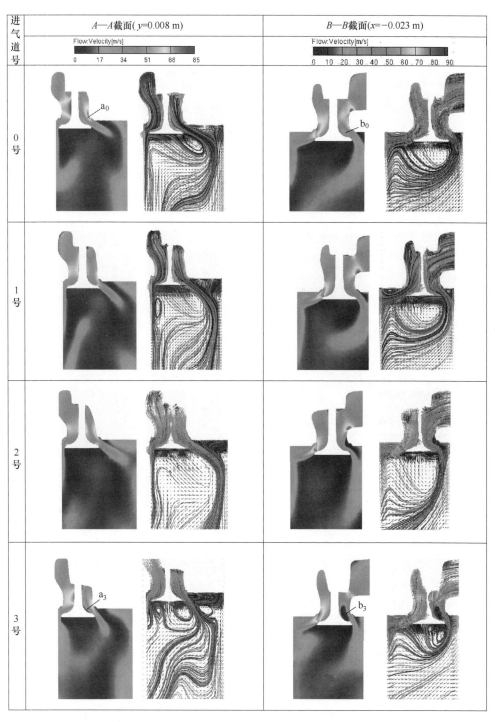

图 5-13　不同形状气道时缸内纵截面气体流速比较（见书后彩插）

从 5-13 图中可以看出，*A—A* 截面在气门盘下方的右侧有逆时针涡旋出现，从 *A—A* 截面右侧迹线图中可知，垂直方向涡旋的强度为 3 号最强，0 号次之，2 号最弱。这是由于在螺旋进气道的进气过程中，大部分气流沿着蜗壳螺旋壁面绕气门中心旋转，沿锥形气阀背流入气缸，3 号气道由于其气门室高度降低，因而旋转的气流在气门室内摩擦损失降低。从 *A—A* 截面速度分布图上可以看出，0 号和 3 号方案气体在气门室内出现迹线分离现象，如图中标 a_0 和 a_3 处，这主要是由于水平面内涡旋速度较大，使其在气门室内出现局部速度较低现象。在气门室内的流速突变，会使得进气阻力增加，进气量减少，从而计算所得流量系数降低。由 *B—B* 截面可以看出，在横截面最小截面气道喉口处和气门入口处流速最高，在气门盘下方位置形成了一个垂直方向的涡旋。涡旋强度从迹线图中可以看出，3 号最强，1 号次之，2 号最弱。原因是一部分气流未经螺旋段与气门盘相撞后，直接切向流入缸内，气门下方气流恰好与切向气流相汇，在切向气流的束缚作用下改变了流动方向，导致此处出现明显涡旋。在原机气道的 *B—B* 截面上，标记 b_0，速度较低，从迹线图中可以看出，此处产生一逆时针小涡旋；在 3 号 *B—B* 截面上，在右侧气道的螺旋腔内，标记 b_3，流速较低，同样从右侧矢量图和迹线图中可以看出有一较大逆时针涡旋存在。主要是由于气流经气道直流段后在喉口处速度增加，高速气流进入螺旋室，与气门杆发生碰撞，导致局部压力变化，使得此处气流产生了小涡旋，出现图中 b_0 和 b_3 所示局部回流现象。这一小涡流的存在，使得流动损失增加，流量系数降低。与 0 号和 3 号相比，1 号和 2 号气道的螺旋室高度增加，切向气流通过气门室时没有出现小回流现象，但 2 号方案中，从 *B—B* 左侧气流分布图中可以看出，尽管在气门室内没有出现小回流现象，但在气体从气门口流出时贴气门座圈处速度明显降低，使得进气量降低。因此，从图 5-13 中可以看出，在气门升程为 11mm 时，2 号方案的流量系数与 0 号方案相差不大，1 号方案的流量系数是最大的。

图 5-14 所示为不同形状气道时缸内横截面气体流速比较。由图 5-14 可以看出，随着水平截面远离气缸盖下底面，缸内气体最高速度开始降低。气流刚流出气门时，流动情况较复杂，同一半径上的速度大小不同，而且有些地方的旋转方向也与主流不同，如图 5-14 中 $z=-0.03$ 截面，在离气缸盖较近的横截面上的气流旋转中心与气缸中心偏离较大，在离气缸盖距离大于 1.5 倍缸径时，旋转中心基本稳定在气缸中心上，且周边速度较大，而旋转中心速度较低。本模拟计算中将叶片风速仪放置于距缸盖 1.75 倍缸径处（即距缸盖为 0.1785m 处）。由图 5-14 可以看出，此时缸内气流做逆时针运动，旋转中心基本稳定在气缸中心上。比较 4 种不同形状气道，从速度颜色上区分，可以看出，随着截面远离缸盖，缸内涡流变得恒定，且不同形状缸盖时气缸水平面内的气体速度区分较为明显。从图 5-14 中可以看出，2 号缸内平均速度最低，0 号缸内平均速度次之，而 3 号缸内平均速度最高。

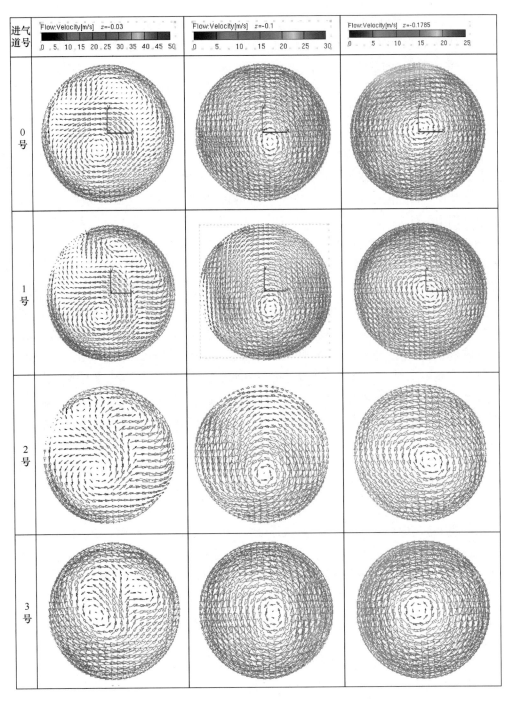

图 5-14 不同形状气道时缸内横截面气体流速比较（见书后彩插）

5.4　气道形状对缸内气体流动与燃烧过程影响的研究

　　前面分析的为气道稳态数值计算，通过稳态数值计算，求得气体流过不同形状气道所产生的涡流比和流量系数，对不同气道形状的流动特性进行了分析，由稳态分析可得出 3 号方案随涡流比的增大，流量系数大幅降低，从三维图中也可以看出，如图 5-13 的 b_3 处，在气门室内出现大的滞止回流，使充气效率降低。因此，对 3 号方案不再进行后续瞬态数值模拟计算。本节主要通过瞬态数值计算研究原机和新设计的气道 1 号和 2 号方案对进气和燃烧过程的影响。

5.4.1　计算模型及边界条件

5.4.1.1　几何模型的建立与网格划分

　　根据实际的燃烧室和进气道形状，进行几何建模，并进行动网格划分。动网格包括气阀运动和活塞运动。应用 FIRE 软件中的动网格划分模块，分别划分了 151 套网格，每套网格的数目在 60 万~110 万。最大网格单位为 2mm，最小为 0.125mm。图 5-15 所示为 0 号方案在上止点位置时的网格划分，此时网格数目为 104 万。

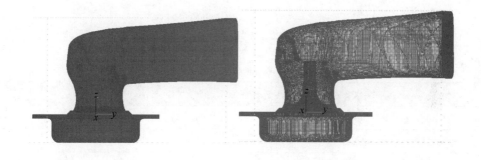

图 5-15　网格划分（见书后彩插）

5.4.1.2　计算数学模型与边界条件

　　瞬态流动数值模拟研究中，缸内的气体流动计算模型与前面稳态计算模型一致，燃烧模型采用相干火焰模型（Coherent Flame Model），NO 排放模型为 Zeldovich 扩展模型。具体方程可参照第 2 章。

　　计算从进气门开始，到排气门打开结束的时段。进气上止点设为 360°CA，计算初始角度为 355.65°CA，结束时刻为 843.65°CA。计算初始条件设定时，将计算区域分为进气道和燃烧室两个区域，如表 5-6 所示；其初始条件根据一维模拟数据给定，如图 5-16 所示；边界条件的输入包括入口边界条件和壁面边界条件，如表 5-7 所示。

◈ **表5-6　计算区域初始条件**

区域	初始压力/kPa	初始温度/K	残余废气率
进气道区域	170.5	313	0
燃烧室区域	180	900	1

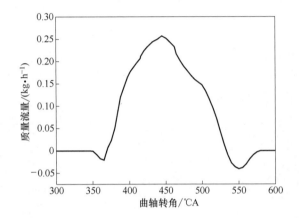

图 5-16　进气道入口边界质量流率

◈ **表5-7　边界条件**

边界区域	边界类型	设定值
进气道口	入口边界	温度为313K，质量流量如图 5-16 所示
进气道壁面	固定壁面	温度为330K
进气门壁面	移动壁面	温度为350K
气缸盖底面	固定壁面	温度为450K
活塞顶面	移动壁面	温度为450K
气缸套壁面	移动壁面	温度为450K

5.4.2　气道形状对进气和燃烧过程影响的研究

为了方便进行分析，对所取纵横截面进行说明，如图 5-17 所示。点火位置为（$x=$ 0.002，$y=-0.0097$，$z=-0.004$），单位为 m。

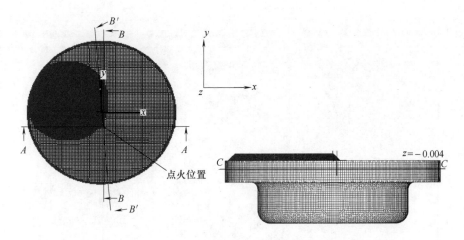

图 5-17　纵横截面分析说明示意图（见书后彩插）

5.4.2.1　缸内气体流动分析

内燃机的缸内流动是一个包括湍流剪切层、边界层和回流区的复杂结构。它既具有高度的不定常性，又具有逐个循环变化的随机性。在发动机的气缸中，往往还存在着旋流、挤流和滚流等大尺度运动，使流场结构和湍流特性更加复杂化。

对三种方案在进气结束时进行缸内气体流动的分析。在进气终点，气缸内的水平面分别取 $z=-0.004$，$z=-0.102$，$z=-0.153$；纵截面经过点火位置取两垂直的截面，分别为 $x=0$，$y=0$。图 5-18、图 5-19 分别为进气结束 $580°CA$ 时，不同方案缸内气体在不同截面的流场图。

由图 5-18、图 5-19 可知，在进气结束时，缸内气流速度分布很不均匀，靠近气缸壁时，流速较大，越靠近气缸轴线中心，流速越小。缸内平均流速 0 号最高，2 号最低。从横截面图中还可以看出，进气结束时，三种不同方案的旋流强度差别较大，0 号最强，而 2 号最弱，与稳态流动计算相吻合。对于 0 号和 1 号方案，随着横截面远离气缸盖，旋流中心也越来越靠近气缸中心；而 2 号方案，旋流强度弱，且旋流中心距气缸中心较远。这主要是由于 2 号方案气门室高且螺旋角小，因而使得切向进入缸内的气流增加。而经螺旋气道后进入气缸的气流减少。由纵向截面可知，缸内还存在一定的滚流，在同一位置截面上，如 $y=0$ 截面上，0 号和 1 号缸内，均有一纵向涡流，而 2 号方案尽管其平均流速较低，但在纵向截面内出现两个纵向涡流。此时纵向涡流的存在有助于在压缩过程中使其破碎而形成缸内湍流。

图 5-20 所示为由进气开始到燃烧结束三种不同方案的缸内平均湍流。一般根据湍流所生成的原因，可分为壁面湍流和自由湍流。在内燃机气缸中的湍流主要属于自由湍流。由图中可知，在进气开始时，湍动能不断增加，在 $465°CA$ 左右，湍动能达到最大值，随着活塞下移，湍动能开始减小，直到进气门关闭；在压缩过程中，缸内平均湍动

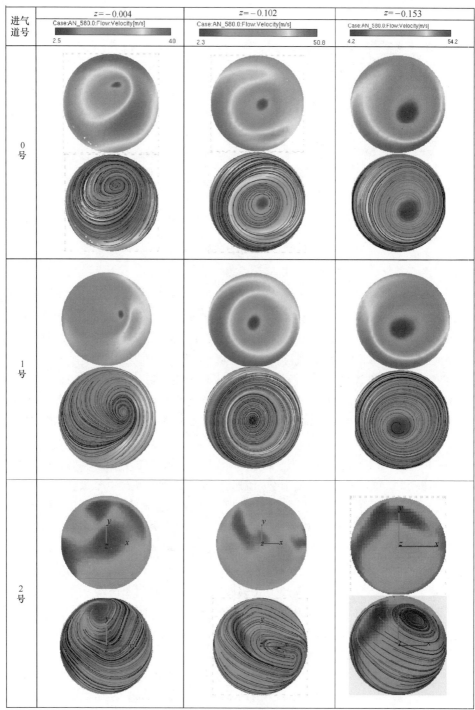

图 5-18　进气结束时缸内横截面上的气体流场（580°CA）（见书后彩插）

能又开始增加，在上止点前达到最大值。这主要是由于一方面在进气过程中，气流与气门和气门座表面摩擦而产生了强烈的湍流；另一方面，气流进入气缸后，随着活塞的加速和减速，气流运动相互交汇碰撞、剪切，使得湍动能不断发生变化。

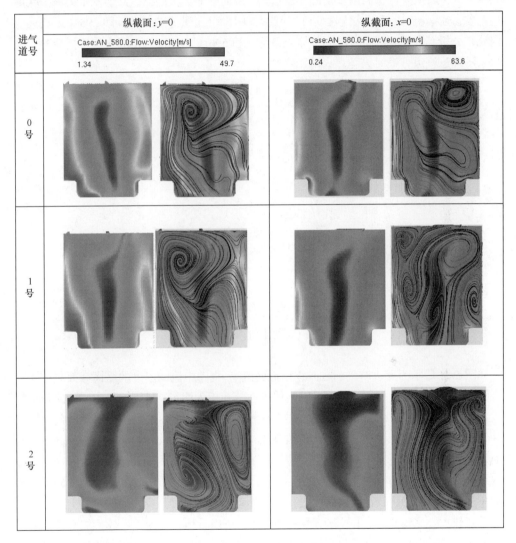

图 5-19　进气结束时缸内纵截面上的气体流场（580°CA）（见书后彩插）

5.4.2.2　点火稳定性

　　电火花点燃过程首先由火花塞放电导致焰核生长，直到完全由可燃混合气燃烧支持火焰发展。火花塞的点火过程受到多种因素的影响，主要与点火能量、混合气浓度、火花塞附近的流动状态等因素有关。本小节在点火能量混合气浓度均一致的情况下，分析不同气道方案对点火稳定性的影响。点火时刻火花塞附近具有一定的气流运动，有利于将火焰核心吹离电极，从而减小电极的冷却作用，使点火界限范围变宽。但气流运动过大时，又会因从火花塞周围带走的热量过多，从而削弱点火能量，甚至发生火核被吹熄的现象。该火花点火式天然气发动机，其点火时刻为上止点前 25°CA，即 695°CA 点火。因此，分析其在 694°CA 时缸内气体流动情况和 696°CA~720°CA 的火焰传播情况，来探求不同进气道方案时火花点火的稳定性。

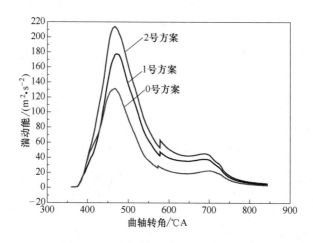

图 5-20 不同方案缸内平均湍流比较

图 5-21 所示为点火时刻前缸内纵横截面流场，由图中流动速度的纵横截面图可知，压缩接近结束时，点火位置截面上的气体流速分布较为均匀，呈周边高中间低的分布形式。从气体流速的横截面图中可以看出，其涡旋中心接近气缸中心。当取样的刻度标尺一致时，从图中可以看出，三种不同方案下的流速区别为：0 号缸内流速略高于 1 号，而 2 号缸内流速无论是水平截面还是纵截面，均可以看出缸内流速低于 0 号和 1 号。缸内平均这种速度分布有利于稳定点火。由湍动能的分布图可以看出，湍动能的分布在气缸中部较大，而周边较小。这主要是由于该处运动的气流相互交汇、碰撞、剪切，造成湍动能较大。比较 0 号、1 号和 2 号三种方案，可以看出，气流速度较大的 0 号方案缸内的湍动能反而最低。这是由于湍动能是衡量湍流强弱的尺度，湍流是流速的脉动，流速的脉动强，则湍流强，从而湍动能大。图 5-21 表明，流速较大时，其气体分子间摩擦增大，能量耗散也大。而用 2 号方案时，一方面其总体流速较 0 号与 1 号方案小，因而能量耗散小；另一方面则是在点火前缸内气体尽管流速小，但速度梯度较大，因而其缸内湍动能也较大，与图 5-20 一致。

对 696°CA 时的缸内流场和火焰表面密度分布，通过气缸轴线中心和点火中心取平

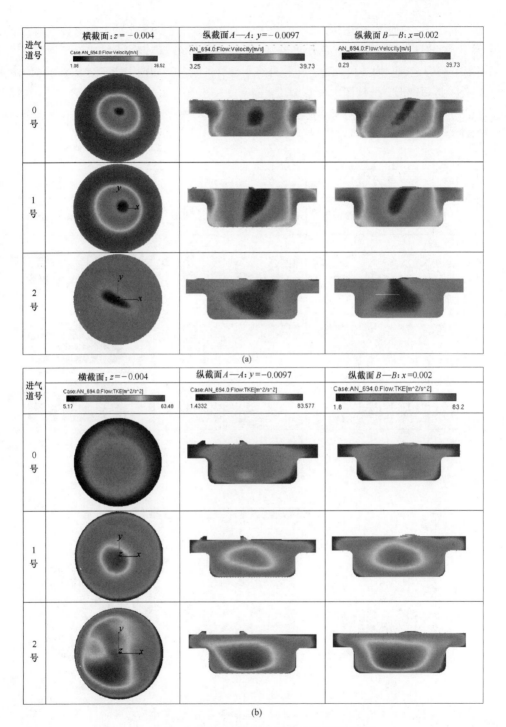

图 5-21　694°CA 时缸内气体流动情况（见书后彩插）

（a）气体流速；（b）气体湍动能

面，如图 5-22 所示。由图可以看出，在初始点火时刻，不同方案的缸内火核表面密度相差不大，但从图中可以看出有小的差别：1 号方案火核较稳定，火核表面呈近似光滑球形；0 号方案因缸内流速较大，火核外缘小部分被吹起，如图中所示 F 点；2 号方案火焰外缘近似球形，但从图中可看出其表面密度较 1 号方案相比略低。由图 5-23 的横截面图也可以看出，点火初期差别不大，微小差别之处在于 0 号方案中火核右侧有被吹起的现象。

进气道号	流速	湍动能	火焰表面密度
	Case:AN_696.0:Flow:Velocity[m/s] 0.18　　　　38.96	Case:AN_696.0:Flow:TKE[m^2/s^2] 0.83　　　　83.8	Case:AN_696.0:Comb:Flame_Surface_Density[1/m] 0　　　　300
0号			
1号			
2号			

图 5-22　696°CA 时的缸内流场和火焰表面密度（见书后彩插）

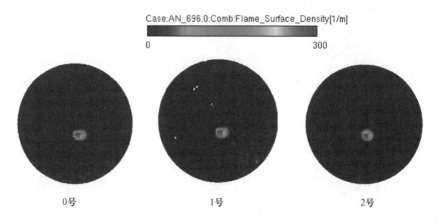

图 5-23　696°CA 时火焰表面密度比较（见书后彩插）

火焰表面密度指每单位容积的火焰表面积。通过火焰表面密度分布和值的大小，可以判断火焰传播能力的大小和传播速度的快慢。图 5-24 所示为不同方案在 710°CA~730°CA 时的火焰表面密度比较。由图中可知，涡流比最大的 0 号方案，尽管其缸内气体平均流速较大，但其火焰传播速度最慢；而涡流比最小的 2 号方案，其缸内存在较大的湍动能。由图 5-22 和图 5-23 可以看出，点火初期湍动能对火核的影响不大，但到 710°CA，由图 5-24 中可以看出，三种方案的火焰表面密度差别较大，2 号火焰表面密度最大，而 0 号最小。随着火焰的向外传播，火焰表面密度不断增大，最大表面密度由原来的 1973m^{-1} 增大到 730°CA 的 4213m^{-1}。由图中可以看到，720°CA 时，0 号方案火焰表面密度较小，且向外扩展速度较慢，而 1 号与 2 号方案差别不大；到 730°CA 时，由图 5-24 的纵截面图和图 5-25 的横截面图可以看出，1 号方案火焰表面密度最大，此时向外扩展速度快且均匀，而 2 号方案向周向扩展的速度较不均匀。这主要是由于其点火中心与气缸中心偏离，且涡流中心又与气缸中心呈反方向偏离，因而此方案缸内火焰传播受到影响，影响了火焰传播速度。

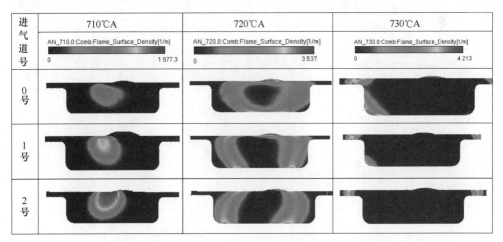

图 5-24　不同曲轴转角下的火焰表面密度（见书后彩插）

5.4.2.3　燃烧速率

点燃式发动机的燃烧过程分为火焰发展期和快速燃烧期，火焰发展期和快速燃烧期之和称为总燃烧期。火焰的燃烧时期既可以从燃料的已燃质量来分析，也可以从累计放热率上来分析，根据文献[109]，从火花跳火到累计放热率达 10%的曲轴转角为火焰发展期，从累计放热率 10%~90%的时间或曲轴转角为快速燃烧期。本小节从累积放热量着手分析。

图 5-26 所示为不同方案的累积放热量，从图中可以看出，三种不同方案的累积放热量相差不大，1 号方案为 2999.7J，2 号方案为 2983.2J，0 号方案为 2997.8J。燃烧过程中两个燃烧时期的参数如表 5-8 所示。由表可知，火焰发展期不同方案的区别并不大，

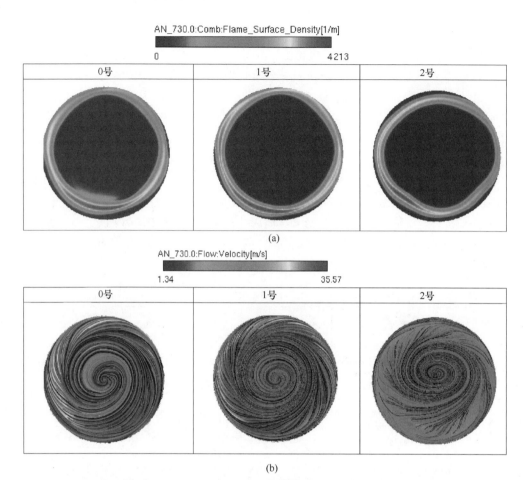

图 5-25　730°CA 时 $z=-0.04$ 的横截面图（见书后彩插）

（a）火焰表面密度；（b）气体流速与流线

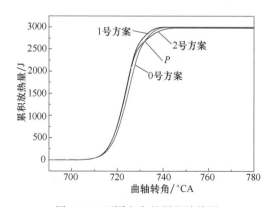

图 5-26　不同方案的累积放热量

说明不同进气道形状所带来的缸内气体流动差异对火焰发展期影响较小，此时火焰以近似层流速度向外传播；湍流强度的大小对火焰发展期影响不大。而快速燃烧期火焰以湍流速度向外传播，受湍流影响较大，由表 5-8 可知，1 号方案燃烧速度最快，而 2 号方案最慢。由累积放热量曲线和图 5-27 所示的放热率曲线可以看出，前面大部分 0 号方案累积放热量低且放热速率是最慢的。但到图中所示 P 点（737° CA）时，0 号方案与 2 号方案出现交叉，0 号放热速率大于 1 号。因此，尽管 2 号方案的火焰发展期略短于 0 号方案，但在快速燃烧期的后期，2 号方案燃烧时期最长。尽管一般来说大的湍动能可提高火焰传播速度，促进燃烧，但湍动能过大时也会使火核向周围混合气散热增大，降低火核温度，对火核发展不利。

◇ **表 5-8　不同方案的燃烧过程参数**　　　　　　　　　　　　　　　　　单位：° CA

方案	点火时刻	火焰发展期	快速燃烧期	总燃烧期
0 号	25	21.7	24.9	46.7
1 号	25	21.2	24.2	45.4
2 号	25	21.2	26.1	47.3

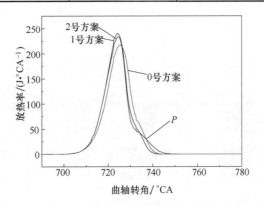

图 5-27　不同方案的放热率曲线比较

5.4.2.4　排放性

在内燃机排气中，氮氧化物生成种类较多，对环境造成严重危害的主要是 NO 和 NO_2，排气中 NO_2 的浓度较 NO 相比较少，因此，在模拟计算中，主要考虑 NO 的排放。图 5-28 所示为三种不同方案的 NO 排放曲线，图 5-29 所示为 NO 的生成量和生成区域。

由图可知，NO 的主要生成阶段在 725° CA~750° CA，其主要生成区域由前面分析可知在火花塞周围的高温区域。图 5-28 所示为不同方案的 NO 生成量比较。由图可知，0 号方案因缸内气流流速大，而湍动能又较低，因而缸内火焰燃烧最高温度较低，NO 生成量较低。而 2 号方案由于其缸内湍动能较高，因而快速燃烧期开始阶段其缸内火燃传播略快，但在快速燃烧期的中后期，2 号方案由于其缸内较大的湍动能以及偏离气缸中心的涡流的存在，其火焰传播速度变慢，缸内最高温度降低，而此时也正是 NO 生成的主要时期，因而 1 号方案缸内 NO 生成量最高。

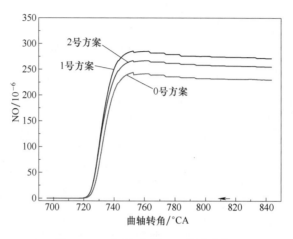

图 5-28　不同方案的 NO 排放曲线

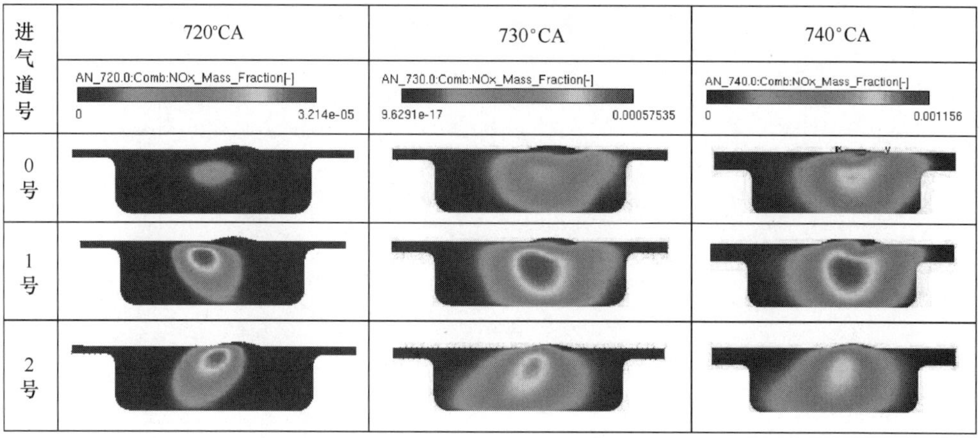

进气道号	720°CA	730°CA	740°CA
0 号			
1 号			
2 号			

图 5-29　NO 生成量和生成区域（见书后彩插）

5.5　安装不同缸盖时的外特性试验研究

对新设计的进气道进行成形加工，与原机缸盖一起进行性能试验，试验装置与第

5.3 节相同,如图 5-9 所示。对安装三个不同缸盖时,发动机在不同转速时的耗气率、扭矩、功率和排放进行比较,结果如图 5-30、图 5-31 所示。

图 5-30 所示为安装不同缸盖时的外特性曲线比较。由图可知,1 号缸盖的动力性最好,而装有涡流比最大和最小缸盖的 0 号和 2 号缸盖的发动机动力性都不是最佳的。从经济性上看,低转速时,2 号缸盖经济性较好;中高转速时,1 号缸盖经济性最好。

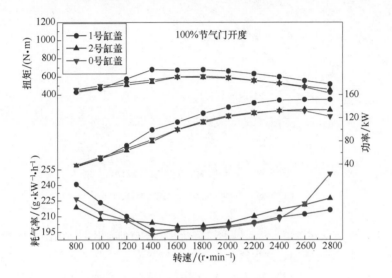

图 5-30　安装不同缸盖时的外特性曲线比较

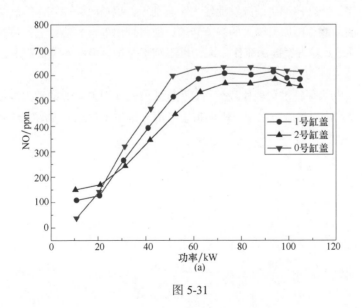

图 5-31

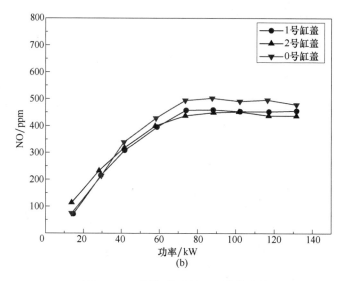

图 5-31　不同负荷时的 NO 排放比较

（a）转速 *n*=1600r/min ；（b）转速 *n*=2800r/min

　　图 5-31 为安装不同缸盖、发动机不同负荷时的 NO 排放比较。由图可以看出，随着负荷的增大，NO 排放增加。这主要是由于随着负荷增大，进气量增大，因而参与燃烧的混合气增多，产生的 NO 增加。由图 5-31 还可以看出，低负荷时，2 号方案的 NO 排放高；而中高负荷时，涡流比大的 0 号方案的 NO 排放最高。由前面分析可知，涡流比最低的 2 号方案，其缸内产生的湍动能较大，有利于低负荷时缸内气体的燃烧，而高负荷时，过高的湍动能，再加上较大的涡流转速，使得缸内混合气热量散失过多，同时生成的 NO 量减少；0 号方案因涡流比太大，也不利于燃烧，但在同等负荷下，其消耗燃料量增多，导致生成的 NO 较多。

　　综合外特性和负荷特性试验比较分析，装配 1 号缸盖时发动机的动力性最好，耗气率低，NO 排放处于三种方案之中，因此折中考虑，选用 1 号缸盖为最优缸盖进行后续工作。

第6章

优化设计案例：稀燃点燃式天然气发动机

为有效实现稀薄燃烧，改善天然气发动机的动力性、经济性，降低有害排放，采取的主要措施是采用电控喷气技术和电控点火系统来精确控制空燃比和点火提前角。本章主要介绍空燃比的控制方案和点火控制系统，通过对空燃比的闭环控制实现对过量空气系数的精确调节，通过点火控制系统实现对点火提前角的控制；应用所选的最佳燃烧系统方案对点燃式天然气发动机的工作过程进一步进行稀燃试验研究，研究过量空气系数和点火提前角对燃烧过程的影响；最后对试验发动机进行 ETC 排放测试。

6.1　空燃比与点火系统控制研究

6.1.1　火花点火发动机控制系统的工作原理

火花点火发动机控制系统主要是实现空燃比、点火提前角的控制，即实现空气流量、燃料流量和点火时刻的控制，而其他控制都是为了使上述控制更加精确而对其进行的修正控制。

在发动机控制系统中，空燃比的控制是通过对空气流量和燃料流量的分别控制来实现的，发动机在不同工况下工作时，电控单元首先从传感器获取空气流量信息，并根据事先存入的空燃比脉谱图及其他辅助传感器信息选定目标空燃比，通过中央处理单元计算出所需的基本燃料喷射量，根据喷嘴的喷射压力特性和流量特性计算出喷嘴的开启及喷射的时间长短，即所谓的喷射脉宽，最后由控制单元发出喷射命令，从而实现对空燃比和负荷的控制。

6.1.2　空气流量的计算与控制

空气流量计算常用的三种方法：速度-密度法、空气质量流量法（MAF）、α-n 法。速度-密度法是根据进气管压力和发动机转速的数值计算每一循环进入气缸的空气量，空气质量流量法（MAF）是通过空气质量流量传感器来获得进入气缸的空气量，α-n 法是通过节气门位置 α、发动机转速 n 和一个相互关系表对进入气缸的空气量进行估算。由于第三种方法的准确度较差，所以目前常用的方法是前两种，同时由于使用速度-密度法计算空气流量的系统在成本构成上要低于空气质量流量法（MAF），并且在低负荷工况下速度-密度法更加准确，所以应用也最为广泛。

速度-密度法的空气流量计算基础是基于理想气体状态方程：

$$m = \frac{PV}{RT} \qquad (6\text{-}1)$$

式中　m——进入气缸的空气质量；

P——气缸中充量的绝对压力；

V——气缸的排量；

T——气缸中充量的绝对温度；

R——气体常数。

一般以进气歧管绝对温度（MAT）和进气歧管绝对压力（MAP）来表示 T、P，它们之间的计算关系为

$$P = \text{MAP} \qquad (6\text{-}2)$$

$$T = 冷却液温度 + K \times （\text{MAT} - 冷却液温度） \qquad (6\text{-}3)$$

式中　K——传热系数，通过试验标定获得，变化范围为 0~1。

考虑发动机的充气效率 VE，每一循环进入气缸的空气量为

$$m_1 = m \times \text{VE} = \frac{PV}{RT} \times \text{VE} = \frac{\text{MAP} \times V}{RT} \times \text{VE} \qquad (6\text{-}4)$$

实际上，对于火花点火天然气发动机，从本质上讲，在发动机运行控制策略及系统确定的情况下，对其动力性或负荷的控制其实就是通过每一循环进入气缸空气量的控制来实现的。就增压发动机而言，对空气量的控制通过两种方法来实现：一个是通过节气门控制，另一个是通过安装在废气涡轮增压器上的废气控制阀来控制。

6.1.3　燃料流量的计算与控制

根据式（6-4）计算出每一循环实际进入气缸的空气量 m_1 后，再根据喷嘴的压力特性和流量特性确定燃料的喷射量 m_2。一般喷嘴采用占空比的控制形式，由喷嘴的开启持续时间 BPW（Base Pulse Width）来决定燃料的喷射量。当燃料喷射量 m_2 确定后，燃料喷射（EFI）控制系统根据存储在电控单元（ECM）中的喷嘴流量数据（S），计算出相应的喷嘴喷射脉宽（BPW），计算公式如式（6-5）所示。

$$\text{BPW} = \frac{m_2}{S} = \frac{m_1}{S \times \text{AFR}} = \frac{m \times \text{VE}}{S \times \text{AFR}} = \frac{\text{MAP} \times V \times \text{VE}}{S \times \text{AFR} \times R \times T} \qquad (6\text{-}5)$$

式中　AFR——空燃比。

一般情况下，单点喷射系统的燃料控制装置包括燃料调节装置、燃料计量装置、混合器和电控喷嘴。

燃料调节装置负责燃料在输送至燃料计量装置之前保持一定的压力。一般系统内该部分控制由一级或二级减压器来执行。

常用的燃料计量装置有混合器形式和电子控制计量阀两种。混合器又分为文丘里式和燃料阀式两种，其优点是集成了计量和混合功能，但均为机械式结构，控制精度低，无法满足欧Ⅱ以上的排放要求，如果在其上增加一电子控制装置，则可以提高准确性、可重复性和总体控制功能，尤其是在闭环系统中，混合器作为一个基本的计量系统，而电子控制装置可以通过步进电动机在一定范围内对燃料供给提供修正功能，这样基本可以满足欧Ⅱ排放标准。电子控制计量阀有数字式和比例式两种，由于这种燃料计量功能完全采用电子装置控制，大大提高了计量精度和反应速度。常用的混合器有文丘里式和环式两种。

电控喷嘴则是根据电控单元的指令，通过脉宽调制来调整喷入进气道的燃气量。

6.1.4　空燃比控制分类

对于稀薄燃烧来说，空燃比的精确控制是实现稀薄燃烧的关键。对空燃比的控制方案有开环控制和闭环控制。开环控制为单一方向的流程，即当发动机在一定工况下，电控器从传感器得到该工况的各种信息并从内存中找出适合于该工况的目标值、相应的修正量和其他信息，通过计算决定当前的控制目标，据此制定出各种控制指令送到相应的执行器去工作，如图 6-1（a）所示；闭环控制则为双向操作，电控器不断将待控参数与优化的控制目标进行比较，据此不断调节输出指令使两者差别达到最小，如图 6-1（b）

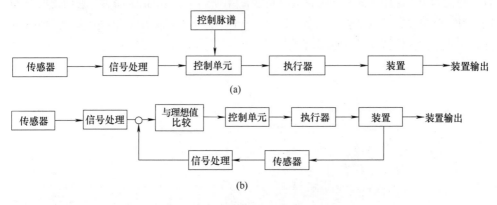

图 6-1　开环与闭环控制系统框图

（a）开环控制；（b）闭环控制

所示。闭环控制根据安装在排气管上的反馈排气中实际氧浓度的宽域氧传感器信号，以及其他传感器（包括发动机转速、节气门位置、水温等）信号，通过电控单元（ECU）控制供给发动机的燃气量，从而达到精确控制空燃比的目的。本节主要采用空燃比闭环控制的电控单点喷射技术，但在冷起动、暖机过程、加速过程等过渡工况，为使发动机安全可靠地工作，需要采用开环控制。

6.1.5 空燃比控制的实施

在发动机控制系统中对空燃比的控制是通过对燃料喷射量的控制来实现的，发动机在不同工况下工作时，电控单元首先从传感器获取空气流量信息，并根据事先存入的空燃比脉谱图及其他辅助传感器信息选定目标空燃比，通过中央处理单元计算出所需的基本燃料喷射量，根据喷嘴的喷射压力特性和流量特性计算出喷嘴的开启及喷射脉宽，由控制单元发出喷射命令，从而实现了对空燃比的控制。闭环控制中还要将排气中氧传感器的信号反馈到电控单元，再由电控单元发出燃料喷射指令。

要实现对空燃比的精确控制，首先要获得空气流量信息，然后根据目标空燃比来确定燃料喷射量。常用的获取空气流量的方法主要有 α-n 法（又称节气门-速度法）、速度-密度法和空气质量流量法。

α-n 法，即用节气门位置传感器和转速传感器，检测节气门开度 α 和发动机转速 n 两个参数，通过电控单元推算出进气量。这种方法结构最简单，但空燃比的控制精度较差，一般用于摩托车；速度-密度法是利用装在进气歧管上的进气歧管绝对压力（MAP）传感器所提供的压力信号，再结合进气温度信号、发动机转速信号、估算的容积效率和废气再循环量，采用速度-密度公式来换算出进入发动机的空气量；空气质量流量法通过直接利用空气质量流量（MAF）传感器来测定吸入发动机的瞬时空气流量，代替对进气管压力的测量，这种方法又称为直接测量法，精确度高，但价格也昂贵。利用速度-密度法计算空气流量，其精度容易控制，且价格合理，故本节试验中对空气质量的测量采用速度-密度法。每循环空气质量计算如下[110]：

$$m_{a,cyc} = z \times V_s \times \phi_c \times \frac{p_a}{RT_a} \tag{6-6}$$

式中　$m_{a,cyc}$——每循环空气质量，kg；

　　　p_a——进气歧管绝对压力，kPa；

　　　ϕ_c——充量系数；

　　　V_s——单缸工作容积，L；

　　　z——气缸数目；

　　　T_a——进气温度，K；

　　　R——气体常数，J/（kg·K）。

已知空气质量后，电控单元根据目标空燃比 AFR，计算出所需的燃气质量 q：

$$q = \frac{m_{a,cyc}}{AFR} \tag{6-7}$$

式中　AFR——空燃比。

当计算出所需的燃气质量后，燃料喷射系统根据存储在电控单元中的喷嘴流量数据，计算出相应的喷射脉宽。

图 6-2 和图 6-3 所示分别为该研究中的燃料流程和空燃比控制系统。

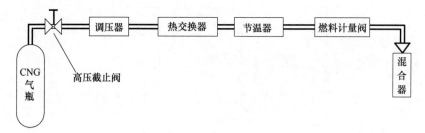

图 6-2　燃料流程

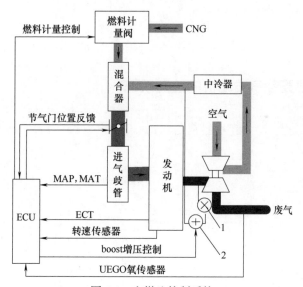

图 6-3　空燃比控制系统

1—废气放气阀；2—废气控制阀

6.1.6　点火控制策略的研究与设计

为降低回火的可能性和提高火花塞的寿命，点火系统采用高能感应式独立点火系统，电控单元产生的每缸一个点火脉冲,直接送到各缸的点火线圈,使各个火花塞依次跳火,这种装置的点火能量大且无任何机械运动部件,可以很好地保证可靠性和耐久性,其示意图如图6-4所示,点火顺序为1—5—3—6—2—4。

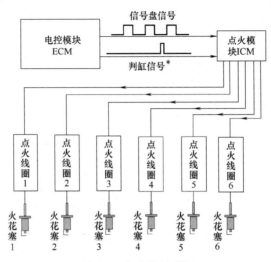

图 6-4　点火控制系统

* 通过判缸信号判断该哪缸点火,将此信号输出给点火模块。

6.1.7　点燃式天然气发动机的控制系统

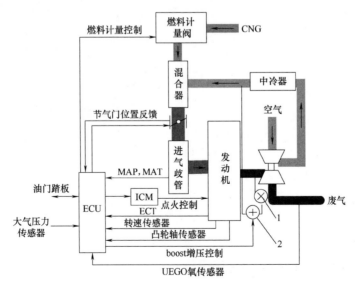

图 6-5　控制系统示意图

1—废气放气阀；2—废气控制阀

　　图 6-5 所示为控制系统示意图，MAP 和 MAT 分别为进气歧管的压力和温度信号，ECT 为水温传感器信号。图中，凸轮轴传感器即凸轮轴位置传感器，又称为判缸传感器，它的功用是采集配气凸轮轴的位置信号，输入 ECU（电控单元），以便 ECU 识别第一缸压缩上止点，从而进行顺序喷气控制、点火时刻控制。通过 ECU 对 boost 增压进行控制，来实现对进气压力的控制；UEGO 氧传感器，即宽域氧传感器，能够提供准确的空燃比反馈信号给 ECU，从而使 ECU 精确地控制喷气量。

6.2　运行参数对稀燃天然气发动机性能的影响

　　本案例的运行参数以及试验装置、试验设备在第 4 章已提到，在此不再赘述，发动机的试验系统示意图如图 4-9 所示，主要设备仪器如表 4-3 所示。

6.2.1　点火提前角和过量空气系数对燃烧过程的影响

　　过量空气系数和点火提前角是点燃式天然气发动机重要的控制参数。过量空气系数的大小和点火时刻的早晚，直接影响着缸内的燃烧过程和发动机的性能。随着过量空气系数和点火提前角的改变，燃烧的快慢和燃烧的稳定性随之变动，从而使得发动机的功率、热负荷和排放性能等也会有显著的变化。

6.2.1.1　过量空气系数对缸内燃烧压力及火焰发展期和快速燃烧期的影响

　　图 6-6 所示为不同过量空气系数下的燃烧压力曲线，图中表明，在相同的转速下，随着过量空气系数的增大，燃烧压力峰值降低，且峰值出现时刻推迟。由图 6-6（a）和（b）对比可知，相同的进气压力和过量空气系数下，转速为 1600r/min 时的燃烧压力峰值大于转速 2800r/min 时的燃烧压力峰值。这主要是由于高速时，进气节流损失增加，实际进入缸内的气体量降低，使得燃烧压力降低。

　　通常火花点火发动机的燃烧过程可分为火焰发展期和快速燃烧期。图 6-7 所示为火焰发展期与快速燃烧期在不同过量空气系数下的变化曲线，图中表明，随着过量空气系数的增大，火焰发展期和快速燃烧期均有所增长。转速为 1600r/min 情况下，ϕ_a =1.35 时，火焰发展期经历了 30.5°CA，快速燃烧期经历了 25.5°CA；ϕ_a =1.54 时，火焰发展期经历了 35.5°CA，快速燃烧期经历了 42°CA。这主要是由于在一定的转速和进气压力下，随着过量空气系数增大，缸内混合气浓度变稀，使得相同转速、相同进气压力下缸内参与燃烧的燃气量减少，火焰传播速度降低，燃烧速度变慢，燃烧持续期增长，使得缸内压力峰值降低。由图 6-7 可以看出，随着转速的减小，稀燃范围变宽，这主要是由于高转速时,尽管散热损失减小,使缸内可燃混合气更均匀,有利于缩短火焰发展期和快速燃烧期,但高速时缸内残余废气系数增大,缸内混合气运动强,又会使得燃烧持续期增长。因此,一般来说,按曲轴转角计的火焰发展期和快速燃烧期在高转速时反而大。

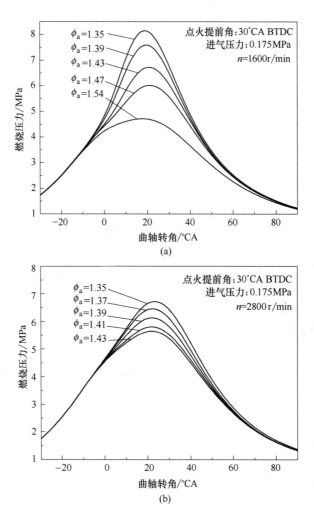

图 6-6　不同过量空气系数下的燃烧压力曲线

6.2.1.2　点火提前角对燃烧压力及火焰发展期和快速燃烧期的影响

点火提前角是电控天然气发动机重要的性能参数,点火提前角的变化直接影响发动机的燃烧起始时刻,进而会使整个缸内燃烧过程发生变化,影响发动机的动力性、经济性和排放性能。

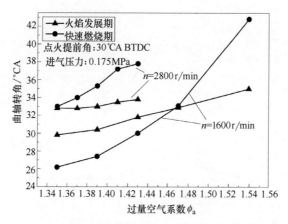

图 6-7　过量空气系数对火焰发展期和快速燃烧期的影响

图 6-8 所示为不同转速、不同点火提前角下的压力曲线。图 6-8 表明，相同转速、相同进气压力下，当混合气浓度一定时，推迟点火提前角 θ_{ig}，燃烧过程显著延迟，压力峰值减小且出现时刻滞后；从放热率曲线看，随着点火时刻的推迟，放热速率变慢，且放热率峰值减小。这是由于天然气的自燃温度高，较小的点火提前角会使得燃烧拖后，最高燃烧压力降低且出现时刻拖后，在活塞下行中，距上止点较远。由图 6-8 可知，过多地减小点火提前角还易造成后燃现象，排温升高，从而使有效热效率减小，燃料消耗率增大，动力性、经济性变差。因此，适当增大点火提前角，可以弥补由于天然气燃料火焰传播速度慢所导致热效率下降的趋势，从而改善发动机缸内的燃烧过程。

图 6-9 所示为点火提前角对火焰发展期和快速燃烧期的影响。从图中可以看出，相同转速下，随着点火提前角的增大，火焰发展期延长而快速燃烧期缩短。这主要是由于随着点火提前角的增大，点火时刻的缸内温度和压力也较低，从而使得从火花点火到形成火焰核心这段时间也变长，也就是我们所说的火焰发展期变长。

6.2.1.3　燃烧稳定性分析

燃烧循环变动是点燃式发动机燃烧过程的一大特征。由于气缸压力容易测量而且直观，所以常用最高燃烧压力的变动系数或平均指示压力的变动系数来评价循环变动。最高燃烧压力的变动系数为

$$\mathrm{CoV}_{P_z} = \sigma_{P_{zi}} / \overline{P}_z \tag{6-8}$$

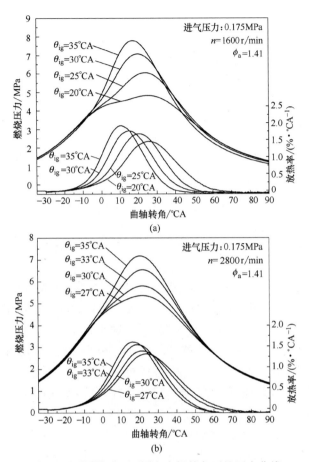

图 6-8　不同转速、不同点火提前角下的压力曲线

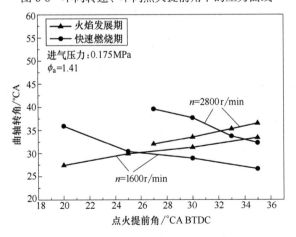

图 6-9　点火提前角对火焰发展期和快速燃烧期的影响

$$\sigma_{P_{zi}} = \sqrt{\sum_{i=1}^{N}\left(P_{zi} - \overline{P}_z\right)^2 / N} \qquad (6\text{-}9)$$

式中　N——循环次数；

$\overline{P}_z$——N 次循环的最高压力平均值。

平均指示压力的变动系数为

$$\mathrm{CoV}_{P_{mi}} = \sigma_{P_{mi}} / \overline{P}_{mi} \qquad (6\text{-}10)$$

$$\sigma_{P_{mi}} = \sqrt{\sum_{i=1}^{N}\left(P_{mi(i)} - \overline{P}_{mi}\right)^2 / N} \qquad (6\text{-}11)$$

式中　N——循环次数；

$\sigma_{P_{mi}}$——平均指示压力的标准偏差；

$\overline{P}_{mi}$——N 次循环的平均指示压力的平均值。

在本案例，以平均指示压力循环变动系数（CoV）来表征燃烧循环变动。

一般认为，平均指示压力的循环变动值不应超过 10%。

图 6-10 所示为缸内平均指示压力循环波动率的变化情况。图中表明，随着过量空气系数的增大，燃烧稳定性变差，以转速 n=1600r/min 为例，当点火提前角为 35°CA、过量空气系数为 1.56 时，波动率甚至超过了 10%。随着点火提前角的增大，循环波动率减小，燃烧稳定性好。循环波动率随着过量空气系数增大，混合气浓度变稀，波动率上升，但变化并不是线性的。点火提前角 θ_{ig} 为 20°CA 时，ϕ_a<1.40 时，循环波动率上升幅度小；当 ϕ_a>1.40 时，循环波动率开始大幅度上升。θ_{ig}=25°CA 时，当 ϕ_a<1.45 时，随着过量空气系数 ϕ_a 增大，循环波动率为平稳上升；当 ϕ_a>1.45 时，循环波动率开始大幅上升。θ_{ig}=30°CA 时，当 ϕ_a<1.52 时，循环波动率为平稳上升；当 ϕ_a>1.52 时，循环波

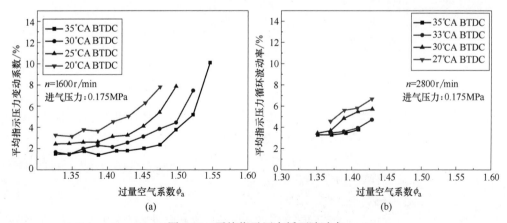

图 6-10　平均指示压力循环波动率

动率开始大幅上升。$\theta_{ig}=35°CA$ 时，当 $\phi_a <1.54$ 时，循环波动率为平稳上升；当 $\phi_a >1.54$ 时，循环波动率开始大幅上升。由此可知，转速为 1600r/min 时，随点火提前角增大，稀燃范围变宽，发动机适应稀燃能力越强，随着点火滞后，燃烧稳定性变差，稀薄燃烧时，更容易出现较大的循环波动率。这主要是由天然气本身的燃烧特性决定的，推迟点火提前角，易造成后燃严重，排温升高，并使得燃烧的稳定性变差。

相同的点火提前角，相同的过量空气系数，转速不同时，如 $\phi_a =1.43$，$\theta_{ig}=35°CA$ 时，2800r/min 转速的波动率为 3.70%，1600r/min 转速的波动率为 1.73%。这是由于高速稀燃工况下稀燃天然气发动机相对于曲轴转角的燃烧速度较慢，火核发展易受到火花塞周围的流场影响，以致影响到整个燃烧过程，产生了较明显的燃烧循环变动。

6.2.1.4 热效率

指示热效率是评价缸内燃烧情况优劣的一个因素。图 6-11 所示为不同凸轮轴不同转速下的指示热效率，发动机的指示热效率指发动机实际循环的指示功与所消耗的燃料热量的比值，如式（6-12）所示。

$$\eta_i = 3.6 \times 10^3 P_i / (BHu) \tag{6-12}$$

式中　P_i——发动机指示功率，kW。

　　　Hu——天然气低热值，kJ/kg。

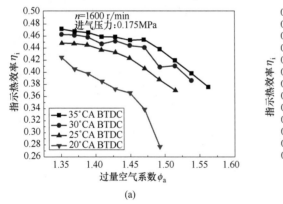

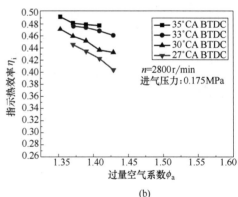

(a)　　　　　　　　　　　　　　　　(b)

图 6-11　指示热效率

有效热效率是实际循环的有效功与为得此有效功所消耗的热量的比值，如式（6-13）所示。图 6-12 所示为不同凸轮轴不同转速下的有效热效率。

$$\eta_e = 3.6 \times 10^3 P_e / (BHu) \tag{6-13}$$

式中　P_e——发动机有效功率，kW；

　　　B——每小时燃料消耗量，kg/h。

图 6-11、图 6-12 分别为不同转速下的指示热效率和有效热效率随过量空气系数和

点火提前角的变化情况。从图中可看出,随着过量空气系数的增大和点火提前角的减小,指示热效率和有效热效率整体上呈降低趋势。主要原因在于随着过量空气系数的增大,缸内可燃混合气变稀,使得着火延迟期增长,火焰传播速度降低,热损失增加,从而使得热效率下降。随着点火提前角的减小,由图 6-8 知压力峰值降低且出现时刻后移,使得输出功减少,从而使得燃烧效率下降。

对比图 6-11 和图 6-12, 在相同的点火提前角与过量空气系数下,如 ϕ_a=1.35,θ_{ig}=35°CA 时,随着转速的减小,指示热效率略有降低,而有效热效率有所升高。这说明最大扭矩转速的机械效率大于最大功率转速时的机械效率。

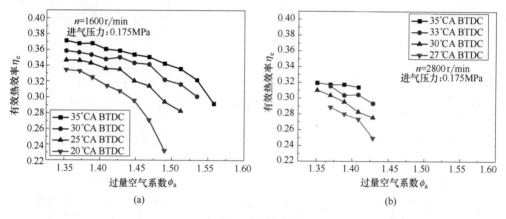

图 6-12 有效热效率

6.2.2 点火提前角和过量空气系数对排温的影响

图 6-13 表明,随着点火的推迟,排气温度显著提高。如图 6-13 (a) 所示,ϕ_a=1.35 时,35°CA 提前角时涡前排温为 608℃,20°CA 时为 662℃,且随着过量空气系数的增大,排温变化是不单调的。在相同的点火提前角时,随着过量空气系数的增大,排气温度是先降低趋势,然后又出现升高趋势。这是由于随着过量空气系数的增大,混合气变稀且热值降低,放出的热量少,使得缸内燃烧后的气体温度较浓混合气时低,从而排气温度也低;但当混合气过稀时,易造成燃烧的不稳定,火焰着火延迟期长,传播速度慢,且有后燃发生,从而使得排气温度反而又出现了上升的趋势。从图 6-13 (a) 还可以看出,随着点火提前角推迟,稀燃工作能力降低。这也说明了点火提前角过小时,尽管可以降低 NO_x,但后燃更易发生。图 6-13 (b) 所示为 2800r/min 时的涡前排温曲线,排温随点火提前角的变化与 1600r/min 时一致,但排温随过量空气系数的变化则较为平缓,均在允许的范围内。在相同点火提前角和相同过量空气系数下,不同转速时的排温变化从图 6-13 (a) 和 (b) 中比较可得出,高转速排温明显高于低转速排温。

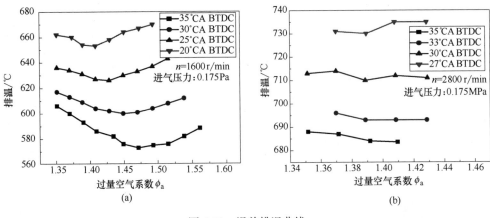

图 6-13　涡前排温曲线

6.2.3　点火提前角与过量空气系数对发动机动力性、经济性和排放的影响

由图 6-14~图 6-16 可知，在一定的转速和进气压力下，发动机扭矩输出随点火定时和混合气浓度的不同而改变。随着过量空气系数的增大，扭矩输出减小，燃气消耗率升高，NO$_x$ 排放显著降低。这主要是由于随着过量空气系数的增大，混合气浓度减小，燃烧速度变慢，燃烧效率降低，使得发动机的动力性和经济性下降，但由于燃烧温度的降低，使 NO$_x$ 排放减少[105]。

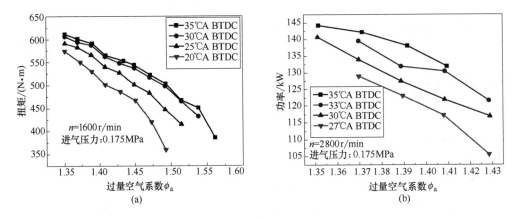

图 6-14　动力性变化曲线

随着点火提前角的增大，输出功率增大，耗气率降低，NO$_x$ 排放增大。这主要是由于随着点火提前角的增大，由图 6-8 可知，整个燃烧过程前移，使最大爆发压力更加靠

近上止点，做功效率提高，输出功率增大，燃气消耗率明显降低，同时缸内温度随之提高，从而使 NO_x 生成增多。

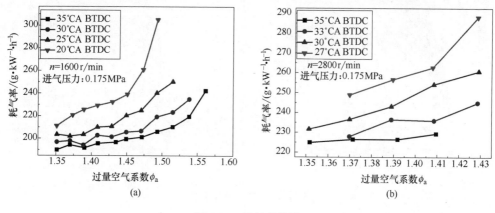

图 6-15　耗气率曲线

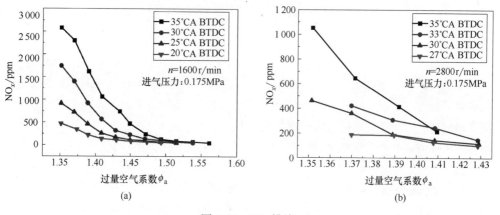

图 6-16　NO_x 排放

通过对该天然气发动机不同过量空气系数和不同点火提前角的燃烧过程及其性能曲线进行分析，得出最大扭矩转速 1600r/min、最大功率转速 2800r/min、节气门全开工况时该发动机的最佳工作范围。目标要求转速 $n=1600r/min$ 时，输出扭矩 560N·m，燃气耗不高于 205g/（kW·h），NO_x 不高于 3.5g/（kW·h）；转速 $n=2800r/min$ 时，输出功率 132kW，燃气耗不高于 230g/（kW·h），NO_x 不高于 3.5g/（kW·h）。根据目标要求，分别得出图 6-17 所示的转速为 1600 r/min 和 2800 r/min、节气门全开工况时的最佳工作范围。

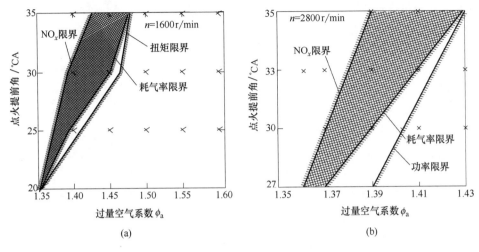

图 6-17 最佳工作范围

6.3 发动机的 ETC 试验

发动机排放物的测试有稳态测试（ESC）和瞬态测试（ETC），稳态过程测试方式对分析仪器的响应速度要求不高，测得的数据有比较高的精度。但在市区内，发动机相当长的时间是在变工况下工作，如冷起动、暖机、加减速等瞬态工况，燃料和空气的供给都在瞬时变化，因而有害排放物的成分也将发生变化。因此，在稳态工况下测得的排放指标并不能真正代表发动机的排放污染水平。所以公交车用天然气发动机的排放水平需进行瞬态测试。

ETC（European Transient Cycle，欧洲瞬态循环）试验是指发动机在瞬态工况下按照规定转速和扭矩进行的包含 1800 个逐秒变换工况的试验循环。该循环分为三个阶段，第一阶段 600s 为模拟城市道路工况，加速、减速变化剧烈；第二阶段 600s 为模拟郊区道路工况，车速变化较小，但负荷变化仍然很剧烈；第三阶段 600s 为模拟高速公路工况，车速很稳定，负荷变化也较小。

6.3.1 排放法规

对于必须进行 ETC 试验的燃气发动机，其一氧化碳、非甲烷碳氢化合物、甲烷、氮氧化物的质量都不应超出表 6-1 给出的数值。

◇ 表6-1　ETC 试验限值[111]

阶段	一氧化碳质量 (CO)/ (g·kW^{-1}·h^{-1})	非甲烷碳氢化合物质量 (NMHC)/ (g·kW^{-1}·h^{-1})	甲烷质量 (CH$_4$)/ (g·kW^{-1}·h^{-1})	氮氧化物质量 (NO$_x$)/ (g·kW^{-1}·h^{-1})
Ⅲ	5.45	0.78	1.6	5
Ⅳ	4	0.55	1.1	3.5
Ⅴ	4	0.55	1.1	2
EEV	3	0.4	0.65	2

6.3.2　试验原理

在规定的瞬态试验循环期间，发动机的全部排气用经过处理的环境空气稀释，并从经过稀释的排气中取样测量排气污染物。使用测功机的发动机扭矩和转速的反馈信号，积分计算循环时间内的发动机输出功率。通过分析仪的积分方法测量整个循环中的 NO$_x$ 和 HC 浓度；CO、CO$_2$ 和 NMHC 浓度可以通过分析仪的积分方法或袋取样的方法测量。应测量整个循环过程的稀释排气的流量，用于计算污染物的质量排放值。用质量排放值及发动机的积分功率值计算出每种污染物的比排放量[111]。

6.3.3　试验方法及过程

6.3.3.1　试验方法

本试验中用的是排气管测量，全流量的定容取样系统（Constant Volume Sampling，CVS）。该方法的原理是将排气管排出的气体全部导入定容取样系统，同时用外部导入的清洁空气进行稀释，稀释比根据排气流量不同而变化，通过实时抽取稀释后的排气并装入袋中，然后根据袋中气体排放浓度、稀释空气流量和稀释比等计算整个试验循环的排放量。CVS 取样系统单元采用多文氏管组合设计，测量流量范围为 20~140m^3/min。

试验中使用的主要仪器设备如表 6-2 所示。

◇ 表6-2　ETC 试验中的主要仪器设备

仪器设备名称	型号	生产厂家
测功机系统	AFA490	AVL
排放分析仪	MEXA-7200D	Horiba
空气流量计	14241-7962638	ABB
燃气流量计	CMF025	Micro Motion

6.3.3.2 试验过程[111]

（1）确定发动机瞬态性能转速范围

为了在实验室内进行 ETC 循环试验,在试验前需对发动机进行瞬态性能测定试验,以得到发动机的转速-扭矩曲线。最小和最大瞬态性能转速定义如下:

最小瞬态性能转速=怠速。

最大瞬态性能转速= $n_{hi} \times 1.02$ 或减油点的转速,取其较低者。其中,高转速 n_{hi} 指 70%最大额定功率时的最高发动机转速。

（2）测定发动机瞬态性能的功率

发动机在最大功率状态下进行热机,当发动机参数稳定后,发动机卸载,并在怠速下运转;在节气门全开状态下,使发动机从最小瞬态性能转速增至最大瞬态性能转速,其平均增加率为（8±1）r/s。以至少每秒一点的取样率,记录发动机的转速和扭矩。

（3）发动机瞬态性能曲线的形成

采用线性内插法连接步骤（2）中记录的所有数据点,所得到的扭矩曲线即发动机瞬态性能曲线。利用该曲线将 ETC 循环规定的标准百分值转化为实际扭矩值。

发动机应运行至少两个 ETC 循环,直至某一次 ETC 循环中测得的 CO 排放量不超过前一次 ETC 循环中测得的 CO 排放量的 10%。

6.3.4 试验结果

对试验样机加催化氧化剂进行 ETC 试验。图 6-18 所示为标定瞬态性能曲线,从图中可以看出,前 600s 为城市道路,速度变化范围大,扭矩变化也较大;600~1200s 模拟的为郊区道路工况,车速变化较小,但负荷变化仍然很剧烈;1200~1800s 模拟的为高速公路工况,速度变化平缓,且扭矩变化与前两个阶段相比也有所降低。

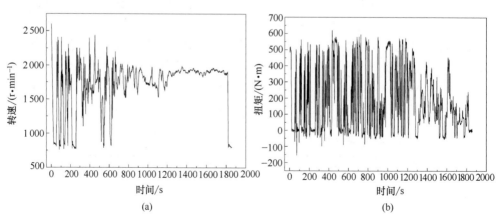

图 6-18　标定瞬态性能曲线

（a）转速曲线；（b）扭矩曲线

图 6-19~图 6-21 分别为城市道路工况、郊区道路工况和高速公路工况的瞬态性能与 NO 排放曲线。每阶段因起动加速变化剧烈，其扭矩波动大，NO 排放变化大，最大值甚至超出 120ppm，总的 NO 排放量为 6941.18ppm。第二阶段与第一阶段相比较，速度变化减小，但从图中可以看出扭矩波动并没有减缓，NO 排放随时间波动幅度略有减小，但总的 NO 排放量与第一阶段比有所增加，为 7485.72ppm。第三阶段转速基本稳定于 1900r/min 左右，此时扭矩变化较为平缓，NO 排放较低且波动小，此阶段总的 NO 排放量为 4548.33ppm。

表 6-3 所示为 ETC 试验结果与标准值比较。由表中可以看出，两次试验均已达到欧IV排放标准。

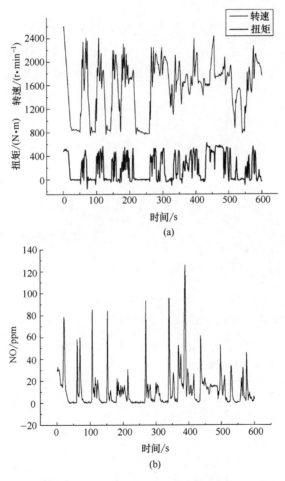

图 6-19　第一阶段（城市道路工况）瞬态性能与 NO 排放

（a）转速与扭矩曲线；（b）NO 排放曲线

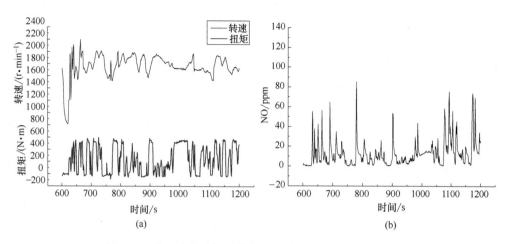

图 6-20　第二阶段（郊区道路工况）瞬态性能与 NO 排放

（a）转速与扭矩曲线；（b）NO 排放曲线

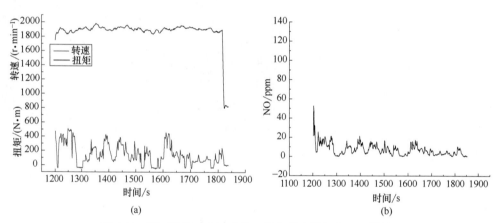

图 6-21　第三阶段（高速公路工况）瞬态性能与 NO 排放

（a）转速与扭矩曲线；（b）NO 排放曲线

◇ 表6-3　ETC 试验值与排放标准值比较

排放物/（g·kW⁻¹·h⁻¹）	欧Ⅳ标准值	试验值	
		ETC01	ETC02
CO	4	0.049	0.044
NO$_x$	3.5	2.778	2.972
CH$_4$	1.1	0.529	0.637
nmHC（非甲烷 HC 化合物）	0.55	0.029	0.03

第 7 章

总结及展望

7.1 本书的主要工作

本书主要通过理论分析、数值计算与试验研究相结合的手段，对一台由 6102 型柴油机改装的火花点火天然气发动机的燃烧系统和工作过程进行了研究。应用计算软件与试验相结合的方式，对燃烧系统进行改进设计，提高天然气发动机的燃烧速度和稀燃能力，并对天然气发动机的工作过程进行了详细分析。主要得出以下结论：

① 应用试验与 CFD 研究相结合的方法，对发动机的燃烧室进行研究，以提高火焰传播速度，扩大发动机的稀燃极限。

a. 应用 CFD 对不同形状燃烧室进行模拟计算，发现火核发展阶段湍流强度对其几乎没有影响，从温度分布分析得出设计的三种不同形状燃烧室内火焰传播基本一致。在快速燃烧期，湍流强度对火焰传播速度有直接影响，湍流强度强的区域，火焰传播速度快。

b. 上止点前的缸内较强的挤流集中于燃烧室下部两侧以及挤气区，可以使点火稳定，避免初期火核被吹熄。上止点后，活塞向下运动时，缸内逆挤流的形成提高了缸内气体的流动速率，有助于火焰向气缸顶隙传播。因此，适当增大挤气面，可增大逆挤流强度，从而提高缸内湍动能，促进火焰传播。但挤气面积过大时，缸内火焰传播速度相差较大，缸内燃烧速率过快，温度峰值增大，使 NO_x 排放增加。

c. 对燃烧室中置与偏置（即火花塞偏置与中置）的方案进行了探讨，得出火花塞中置时，有利于火焰向四周传播，可以提高燃烧速度，但同时缸内压力升高率和 NO 排放也会大幅增大。

d. 将模拟结果与试验结果相对比，在保证动力性、经济性的条件下，同时还要兼顾 NO_x 排放，因而选用 2 号直口型燃烧室为最优形状燃烧室。

② 建立一维工作过程模型，对配气相位进行优化设计，并应用 MATLAB 软件设计

不同配气相位的进排气凸轮型线。将设计的几种方案用一维软件进行整机数值模拟计算，得出两种优化方案。将优化方案与原型方案一起在发动机台架上进行试验研究，研究了配气相位对发动机燃烧及排放的影响。得出如下结论：

a. 随着气门重叠角的减小，HC 和 NO_x 排放有所降低，但高转速时过小的气门重叠角不利于 HC 排放的降低；随着气门重叠角的减小，缸内可燃气体浓度降低，在抑制 NO_x 生成的同时，也损失了部分功率。因此，降低有害排放的同时，还要兼顾动力性。

b. 对于不同的转速要选取不同的点火提前角，才能保证一定的动力性。当转速高时，应适当增大点火提前角，使压力峰值在上止点后 20° CA 以内，同时也可以避免后燃，降低排温。

c. 通过对燃烧特性、指示热效率和排放进行分析，综合考虑动力性、经济性和排放，确定了 11°CA 气门重叠角的 3 号方案为最适宜方案。

③ 应用 CFD 与试验相结合的方法，通过改变气门室高度 H 值和涡壳相对角度 θ，在原进气道基础上对发动机的螺旋进气道进行了改进设计，并分别进行了稳态和瞬态数值模拟。通过稳态数值模拟和编程计算，得出不同气道的平均涡流比和平均流量系数。在稳态计算的基础上，对新设计的两种小涡流比方案和原机一起进行了进气和燃烧过程的瞬态数值计算，对点火前后缸内气体的流动和不同气道方案对燃烧过程的影响进行了分析。得出以下结论：

a. 涡流比最低的 2 号方案，其缸内湍动能最高，而涡流比最大的原机方案，其缸内湍动能最低；点火稳定性受到湍动能和气体流速的共同影响，湍动能对点火初期火核形成影响不大，对快速燃烧期的火焰扩展有一定影响；适当增大湍动能可以提高火焰传播速度，但过大的湍动能也会使火核向周围混合气散热增大，降低火核温度，对火核发展不利。

b. 通过对三种方案下的 NO 排放生成量和生成区域比较，得出相同转速和空燃比下，1 号方案因火焰传播速度快，缸内温度较高，所以 NO 生成量最高，而 0 号方案因过大的涡流比和小的湍动能，缸内气体燃烧不充分，最高燃烧温度降低，从而 NO 生成量减少。

c. 对新设计的 1 号和 2 号方案与 0 号方案一起进行装机试验，通过试验得出装配 1 号缸盖时发动机的动力性最好，耗气率低，并且其NO排放在三种方案中处于居中位置，因此折中考虑，选取 1 号缸盖作为该点燃式天然气发动机的最优缸盖。

④ 研究了天然气发动机的控制策略，对发动机进行了性能试验，分析了点火提前角和过量空气系数对燃烧过程的影响，探求了天然气发动机在不同工况下的稀燃极限，并对该天然气发动机进行了 ETC 排放试验。

a. 当进气压力和转速一定时，随着混合气浓度的变稀，燃烧压力峰值降低，瞬时放热率的峰值也随之减小，且峰值出现时刻推迟，燃烧稳定性变差；当混合气浓度一定时，推迟点火提前角，则燃烧过程显著延迟，压力峰值减小且出现时刻滞后，同时也使得放热率峰值减小且整体曲线后移，稀燃能力减小，燃烧稳定性变差。

b. 当进气压力和转速一定时，随着混合气浓度的变稀，NO_x 排放降低，但输出扭矩有减小趋势，耗气率升高；适当增大点火提前角，可以使输出扭矩增大，耗气率降低，但 NO_x 排放会有所增加。因此，需综合考虑动力性、经济性和排放来选择最佳的混合气浓度和点火提前角。

c. 通过试验研究，得出了最大扭矩转速时的稀燃能力大于最大功率转速时的稀燃能力，且燃烧稳定性略好。

d. 在满足动力性、经济性的基础上，对试验发动机加氧化催化剂进行了 ETC 试验。两次试验结果表明，该试验机在 ETC 试验中已达到欧Ⅳ排放标准。

7.2　工 作 展 望

该天然气发动机尽管目前在满足动力要求的前提下已达到排放标准，但为了迎接将来更严格的排放法规，还需要对其进行进一步的深入研究。

① 对于点燃式天然气发动机，其燃烧过程受到多种因素的影响。一般来说，点燃式发动机多采用切向气道，在没有涡流的情况下在缸内产生大尺度滚流，以便压缩过程中，大尺度滚流破碎成小尺度的湍流，提高了缸内湍流强度，促进火焰向外传播。因此，下一步还需要将此天然气发动机完全采用切向气道，来比较其燃烧过程的不同。

② 开发设计异型燃烧室，如带预燃室燃烧室，进一步改善燃烧过程。

③ 废气再循环（EGR）技术可以使缸内气体温度降低，从而降低 NO 的生成，因此可考虑加入 EGR 进行缸内燃烧过程分析。

参考文献

［1］ 张沛. CNG 汽车是天然气利用的重要发展途径［J］. 石油与天然气化工，2008，137（1）：23-26.

［2］ 傅忠诚，艾效逸，王天飞，等. 天然气燃烧与节能环保新技术［M］. 北京：中国建筑工业出版社，2007.

［3］ 熊云，徐不明，刘信阳. 清洁燃料基础及应用［M］. 北京：中国石化出版社，2005.

［4］ 孙济美. 天然气和液化石油气汽车［M］. 北京：北京理工大学出版社，1999.

［5］ Reynolds C C O，Evans R L，Andreassi L，et al. The Effect of Varying the Injected Charge Stoichiometry in a Partially Stratified Charge Natural Gas Engine［J］. SAE，2005-01-0247.

［6］ 孙济美，郭英男，洪伟，等. 代用燃料汽车技术（一）——世界汽车技术发展跟踪研究［J］. 汽车工艺与材料，2002（11）：1-5.

［7］ 林在犁. 世界能源状况及车用天然气发动机技术发展［J］. 柴油机，2005，27（4）：4-8.

［8］ 李永昌. CNG 汽车加气站的回顾和展望［J］. 中国天然气汽车，2005，90（3）：5-10.

［9］ 郑国勇，刘凯，郑轶，等. 天然气汽车的应用情况与发展动态研究［J］. 内燃机，2007（5）：1-4.

［10］ 郝利君，张付军，黄英，等. 天然气发动机的发展现状与展望［J］. 汽车工程，2000，22（5）：332-337.

［11］ 宋钧，黄震，张武高，等. 车用天然气发动机技术及其应用［J］. 天然气工业，2002，22（1）：88-92.

［12］ 胡征钦. БЕЛАЗ-548АГД 压缩天然气汽车［J］. 天然气汽车信息，1996（1）：3-4.

［13］ Hodgins K B，Gunawan H，Hill P G. Intensifier-Injection for Natural Gas Fueling of Diesel Engine［J］. SAE，921553，1992.

［14］ 段缨，于海涛. 重型汽车双燃料发动机的发展［J］. 国外内燃机，1997（6）：53-55.

［15］ Simon K C，Beck N J. Gas Engine Combustion Principle and Applications［J］. SAE，2001-01-2489.

［16］ Douville B，Outllette P，Touchette A，et al. Performance and Emissions of a Two Stroke Engines Fueled Using high-pressure Direct injection of Natural Gas［J］. SAE，981160，1998.

［17］ Dumitrescu S，Hill P G，Li G，et al. Effects of injection changes on efficiency and Emission of a Diesel Engine Fueled by Direct Injection of Natural Gas［J］. SAE，2000-01-1805.

［18］ 刘安伟，李遂才. 6250 天然气——柴油双燃料发动机的研制与应用［J］. 天然气工业，1991，11（3）：85-87.

［19］ 杨秀勇，樊升忠，冷定益. 天然气柴油双燃料发动机的研究与实践［J］. 天然气工业，1993，13（3）：92-94.

［20］ 高青，梁宝山，张纪鹏，等. 天然气/柴油双燃料发动机电控喷气技术的研究［J］. 天然气汽车，1999（3）：34-37.

［21］ 苏万华，林志强，汪洋，等. 气口顺序喷射、稀燃、全电控柴油/天然气双燃料发动机的研究［J］. 内燃机学报，2001，19（2）：102-108.

［22］ 汪云，王春发，张幽彤，等. 电控柴油天然气（双燃料）发动机性能研究［J］. 内燃机工程，2004，25（5）：76-78.

［23］ 程峰，梁晓娟，高玉根. 6105ZQS 双燃料发动机的开发与试验研究［J］. 内燃机，2007（3）：34-38.

［24］ Vilmar A. Hot Surface Assisted Compression Ignition of Natural Gas in a Direct Injection Diesel Engine［J］. SAE，960767，1996.

［25］ 宋钧，张武高，黄震. 车用天然气发动机技术与性能研究［J］. 车用发动机，2001（6）：8-12.

［26］ Yamamoto Y，Sato K，Matsumoto S，et al. Study of Combustion Characteristics of Compressed Natural Gas as Automotive Fuel［J］. SAE，940761，1994.

［27］ 深川正美，井出温，新井作司. 本田小型天然气汽车及其发动机的研制［J］. 国外内燃机，1999（3）：23-27.

［28］ Kato K，Igarashi K，Masuda M，et al. Development of Engine for Natural Gas Vehicle［J］. SAE，1999-01-0574.

［29］ 崔心存. 车用替代燃料与生物质能［M］. 北京：中国石化出版社，2007.

［30］ 陈谔闻. 康明斯 B 系列天然气发动机简介［J］. 国外内燃机，1997（1）：18-21.

［31］ 任雄峰. 重型点燃式甲烷发动机［J］. 小型内燃机，1993，22（4）：31-38.

［32］ 王珂，张幽彤. 天然气发动机技术发展研究［J］. 车辆与动力技术，2000（4）：54-57.

［33］ Kamel M M，吴新朝. B5.9G 天然气发动机技术［J］. 国外内燃机，1999（3）：9-14.

［34］ Kamel M M. The B5.9 G Gas Engine Technology［J］. SAE，952649，1995.

［35］ 成森，郝利君，孙业保，等. 单燃料天然气发动机试验研究［J］. 汽车工程，2003，25（2）：116-118.

［36］ 马叶红，徐国华，齐洪元，等. YC4102Q1 柴油机燃用天然气的排放特性研究［J］. 内燃机工程，2002，23（4）：57-59.

［37］ 吴本成，孙仁云，陈林林. YH465Q-1E 改为天然气发动机的电控系统的研制［J］. 西华大学学报（自然科学版），2006，25（1）：17-19.

［38］ 孙济美，张纪鹏，方祖华，等. 压缩天然气和液化石油气发动机电控喷气技术研究［J］. 天然气工业，1998，18（2）：68-72.

［39］ Hollnagel C，Borges L H，Muraro W. Combustion Development of the Mercedes-Benz MY1999 CNG-Engine M366LAG［J］. SAE，1999-01-3519.

［40］ 刘凯，彭立新，邱霞. 天然气发动机，新型绿色动力［J］. 柴油机设计与制造，2005，14（2）：7-9.

［41］ 张付军，郝利君，黄英，等. 电控顺序喷射天然气专用发动机的开发［J］. 汽车工程，2000，22（5）：337-341.

［42］ 梁夫友，许伯彦. 电控多点燃料喷射天然气发动机天然气喷流的数值模拟［J］. 山东内燃机，2002（2）：16-19.

［43］ 陈志军，张欣，王浩. 电控增压单一燃料 CNG 发动机的试验研究［J］. 小型内燃机与摩托车，2003，32（1）：1-4.

［44］ 窦慧莉，刘忠长，李骏，等. 电控多点喷射天然气发动机的开发［J］. 燃烧科学与技术，2006，12（3）：257-262.

［45］ 范岚岚. 多点顺序喷射电控系统的开发及天然气发动机的实验研究［D］. 天津：天津大学，2007.

［46］ 刘亮欣，黄佐华，蒋德明. 不同喷射时刻下缸内直喷天然气发动机的燃烧特性［J］. 内燃机学报，2005，23（5）：469-474.

［47］ 李书泽，张武高，黄震. 天然气发动机燃料供给系统研究现状［J］. 农业机械学报，2005，36（2）：127-130.

［48］ Kubesh J T. Development of a Throttleless Natural Gas Engine［J］. SAE，2001-01-2522.

［49］ 方祖华，侯树荣. 天然气发动机缸内喷气技术的研究［J］. 汽车工程，1998，20（1）：52-55.

［50］ Huang Z，Zeng K，Yang Z. Study on cycle by cycle variations of CNG DI combustion Using a rapid compression machine［J］. 内燃机学报，2003，21（1）：1-8.

［51］ Huang Z，Zeng K，Yang Z. Characteristics of natural gas direct injection combustion under various fuel injection timing［J］. 燃烧科学与技术，2003，9（1）：40-48.

［52］ Huang Z，Zeng K，Yang Z. A basic study on the spark electrode gap position to natural gas direct injection super-lean combustion［J］. 内燃机学报，2003，21（2）：135-144.

［53］ 张振东，方毅博，陈振天，等. 单燃料天然气发动机控制系统设计与试验研究［J］. 上海理工大学学报，2005，27（40）：283-286.

［54］ Siuru B，蓝志波. 可达到柴油机效率的天然气发动机的设计［J］. 国外内燃机，2003（4）：43-44.

［55］ Mavinahally N S，Assanis D N，Govinda Mallan K R. Torch Ignition：Ideal for Lean Burn Premixed-Charge Engines［J］. Engineering for Gas Turbines and Power，1994，116（4）：793-798.

［56］ Richardson S，McMillian M H，Woodruff S D. Knock and NO_x Mapping of a Laser Spark Ignited Single Cylinder Lean-Burn Natural Gas Engine［J］. SAE，2004-01-1853.

［57］ Snyder W E. New Lean Burn Natural Gas VGF Series Engines［C］. Pro. 18th CIMACD-127，1989：1069-1077.

［58］ Kingston J M. Nebula Combustion System for Lean Burn Spark-ignited Gas Engines［J］. SAE，890211，1989.

［59］ Teruhiro S，Iko M，Okamoto K，et al. Basic Research on Combustion Chamber for Lean Burn Gas Engines［J］. SAE，932710，1993.

［60］ Tilagone R Monnier G，Satre A，et al. Development of a Lean-Burn Natural Gas-Powered Vehicle Based on a Direct-Injection Diesel Engine［J］. SAE，2000-01-1950.

［61］ Snyner W E. 对火花点火天然气发动机稀薄燃烧的研究［J］. 内燃机技术，1991，3：24-32.

［62］ Yamato T，Hirofumi S，Tomohiro N，et al. Stratification of In-Cylinder Mixture Distributions by Tuned Port Injection in a 4-Valve SI Gas Engine［J］. SAE，2001-01-0610.

［63］ Reynolds C C O，Evans R L，Andreassi L. The Effect of Varying the Injected Charge Stoichiometry in a Partially Strarifide Charge Natural Gas Engine［J］. SAE，2005-01-0247.

［64］ 沈颖刚，王宇琳，郑伟，等. 内燃机燃烧过程数值模拟技术发展概况［J］. 拖拉机与农用运输车，2004（1）：7-9.

［65］ 李向荣，苟晨华，孙柏刚，等. 柴油机喷雾混合过程数值模拟的发展与现状［J］. 车用发动机，2004，150（2）：1-5.

［66］ Mattavi J N，Amann C A. 内燃机燃烧模拟［M］. 刘巽俊，译. 北京：机械工业出版社，1987.

［67］ 刘永长. 内燃机热力过程模拟［M］. 北京：机械工业出版社，1999.

［68］ 蒋德明，夏来庆，袁大宏，等. 火花点火发动机的燃烧［M］. 西安：西安交通大学出版社，1992.

［69］ Blizard N C，Keck J C. Experimental and Theoretical Investigation of Turbulent Burning Model for Internal Combustion Engines［J］. SAE，740191，1974.

［70］ Brandstatter W，Johns R J R，Wigley G. The Effect of Inlet Port Geometry on In-Cylinder Flow Structure［J］. SAE，850499，1985.

［71］ Aïta S，Tabbal A，Munck G. Numerical Simulation of Port-Valve-Cylinder Flow in Reciprocating Engines［J］. SAE，900820，1990.

［72］ Haworth D C，El Tahry S H，Huebler M S，et al. Multidimensional Port-and-Cylinder Flow Calculations for Two-and Four-Valve-Per-cylinder Engines：Influence of Intake Configuration on Flow Structure［J］. SAE，900257，1990.

［73］ Godine P，Zellat M. Simulation of Flow Field Generated by Intake Port-valve-Cylinder Configurations Comparison with Measurement and Applications［J］. SAE，940521，1994.

［74］ KangY H，Chang R C，Jong G K. Flow Analysis of the Helical Intake Port and Cylinder of a Direct Injection Diesel Engine［J］. SAE，952069，1995.

［75］ Caulfield S，Rubenstein B，Martin J K，et al. A Comparison Between CFD Predictions and Measurements of Inlet Port Discharge Coefficient and Flow Characteristics［J］. SAE，1999-01-3339.

［76］ 孙济美，牟永泉，董愚. 发动机模型进气道内气体流场的模拟和实验研究［J］.内燃机学报，1989，7（2）：117-123.

［77］ 杨笑风，林杰伦，蒋德明. 内燃机气道内流动的三维数值模拟和实验研究［J］.内燃机学报，1990，8（2）：111-117.

［78］ 蒋勇. 直喷式柴油机螺旋进气道与缸内空气运动三维数值模拟及其实验研究［D］. 镇江：江苏理工大学，1998.

［79］ 杨玫. 内燃机进气道稳流实验装置内三维流动特性数值模拟研究［D］. 武汉：华中理工大学，1999.

［80］ 王福军. 计算流体动力学分析［M］. 北京：清华大学出版社，2004.

［81］ 陶文铨. 数值传热学［M］.2版. 西安：西安交通大学出版社，2001.

［82］ 王应时，范维澄，周力行，等. 燃烧过程数值计算［M］. 北京：科学出版社，1986.

［83］ 蒋德明. 内燃机燃烧及排放学［M］.西安：西安交通大学出版社，2001.

［84］ 解茂昭. 内燃机计算燃烧学［M］.2版. 大连：大连理工大学出版社，2005.

［85］ Veynante D，Vervisch L. Turbulent Combustion Modeling［J］. Progress in Energy and Combustion Science，2002，28（3）：193-266.

［86］ 史春涛. 内燃机燃烧模型的发展现状［J］.农业机械学报，2007，38（4）：182-185.

［87］ 魏象仪. 内燃机燃烧学［M］. 大连：大连理工大学出版社，1998.

［88］ 董刚，刘宏伟，陈义良. 通用甲烷层流预混火焰半详细化学动力学机理［J］. 燃烧科学与技术，2002，1（8）：44-48.

［89］ 钟北京，傅维标. 甲烷火焰中氢气对着火与燃尽的影响［J］. 燃烧科学与技术，2001，2（7）：194-198.

［90］ 蒋炎坤.CFD辅助发动机工程的理论与应用［M］. 北京：科学出版社，2004.

［91］ Kingston M G. Nebula combustion system for lean burn Spark- ignited gas engines［J］. SAE，890211，1989：1081-1090.

［92］ Evans R L，Tippet E C. The Efects of Squish Motion on the Burn—Rate and Performance of a Spark-Ignition Engine［J］. SAE，901533，1990.

［93］ Teruhiro S，Iko M，Okamoto M，et al. Basic research on combustion chamber for lean burn gas engines［J］.SAE，932710，1993.

［94］ Johansson B，Oisson K. Combustion Chambers for Natural Gas SI Engines Part1：Flow and Combustion［J］.SAE，950469，1995.

［95］ Einewall P，Johansson B. Combustion Chambers for Supercharged Narural Gas Engines［J］.SAE，970221，1997.

［96］ Evans R L，Blaszczyk J. Fast-Burn Combustion Chamber Desigm for Natural Gas Engines［J］. Transactions of the

ASME，1998，120：232-236.

［97］ 刘永长. 内燃机热力过程模拟［M］. 北京：机械工业出版社，2001.

［98］ 周龙保. 内燃机学［M］. 北京：机械工业出版社，2005.

［99］ 蒋德明. 内燃机燃烧与排放学［M］. 西安：西安交通大学出版社，2001.

［100］ Marriott C D，Reitz R D. Experimental Investigation of Direct Injection-Gasoline for Premixed Compression Ignited Combustion Phasing Control［J］. SAE，2002-01-0418.

［101］ Urushihara T，Hiraya K，Kakuhou A，et al. Expansion of HCCI Operating Region by the Combination of Direct Fuel Injection，Negative Valve Ovedap and Internal Fuel Reformation［J］. SAE，2003-01-0749.

［102］ 尚汉冀. 内燃机配气凸轮机构设计与计算［M］. 上海：复旦大学出版社，1988.

［103］ 詹樟松. 高次多项式动力凸轮优化设计及 MATLAB 算法实现［J］. 内燃机，2004（2）：4-7.

［104］ 汪云，魏明锐. 配气凸轮优化设计的单纯形法和遗传算法［J］. 武汉理工大学学报，2006，30（2）：455-458.

［105］ Heywood J B. Internal Combustion Engine Fundamentals［M］. New York：MGraw-Hill，1998.

［106］ Abd-Alla G H. Using Exhaust Gas Recirculation in Internal Combustion Engines：A Review［J］. Energy Conversion and Management，2002（43）：1027-1042.

［107］ 王福军. 计算流体动力学分析 CFD 软件原理与应用［M］. 北京：清华大学出版社，2004.

［108］ 王志，黄荣华. 4BTAA 柴油机螺旋进气道三维数值模拟［J］. 燃烧科学与技术，2004，10（2）：176-180.

［109］ 周龙保. 内燃机学［M］. 北京：机械工业出版社，2005.

［110］ 陆际清，刘峥，庄人隽. 汽车发动机燃料供给与调节［M］. 北京：清华大学出版社，2002.

［111］ GB 17691—2018. 重型柴油车污染物排放限值及测量方法（中国第六阶段）.

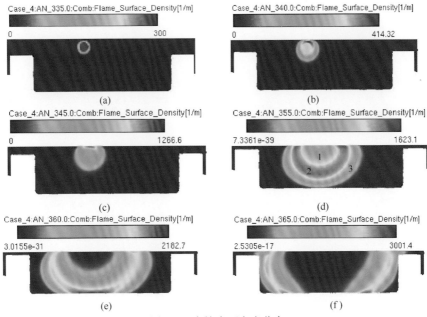

图 3-4　火焰表面密度分布

（a）335°CA；（b）340°CA；（c）345°CA；（d）355°CA；（e）360°CA；（f）365°CA

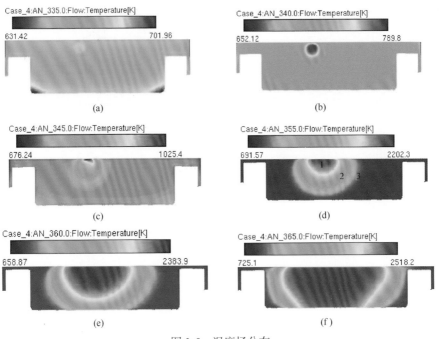

图 3-5　温度场分布

（a）335°CA；（b）340°CA；（c）345°CA；（d）355°CA；（e）360°CA；（f）365°CA

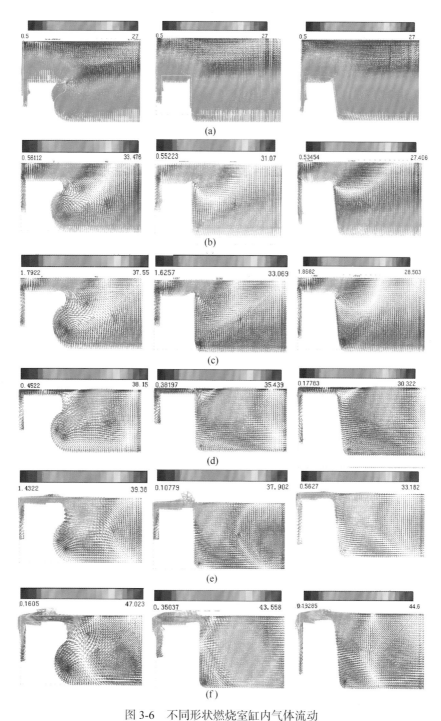

图 3-6　不同形状燃烧室缸内气体流动

（a）320°CA；（b）340°CA；（c）345°CA；（d）355°CA；（e）360°CA；（f）365°CA

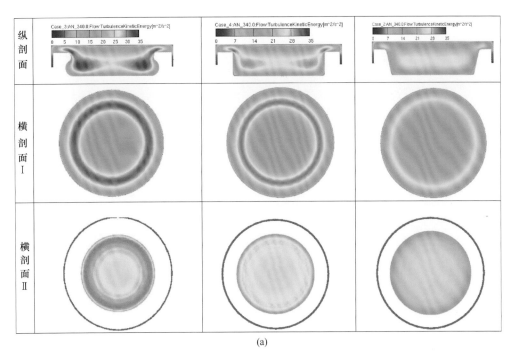

(a)

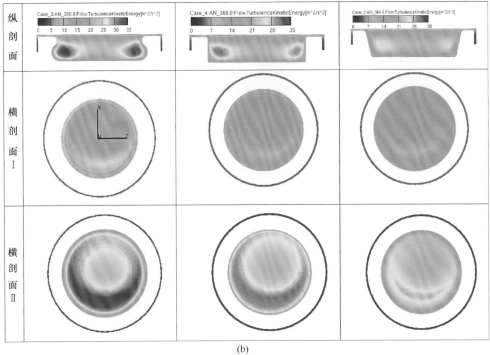

(b)

图 3-8

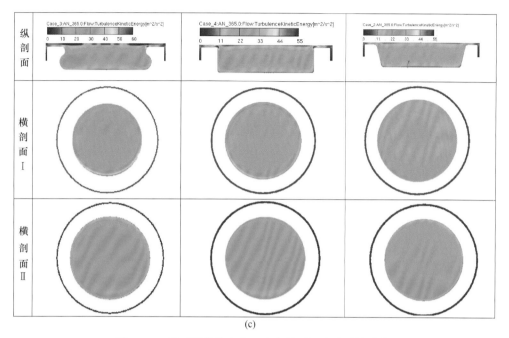

图 3-8　三种不同燃烧室在上止点前后缸内湍动能分布

（a）340°CA；（b）360°CA；（c）365°CA

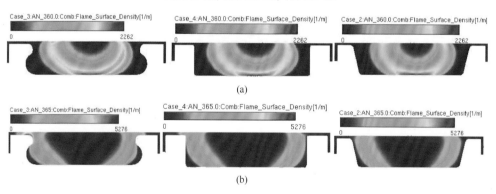

图 3-9　不同形状燃烧室火焰表面密度分布

（a）360°CA；（b）365°CA

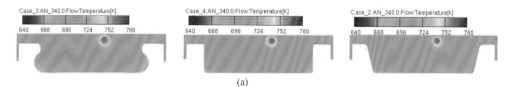

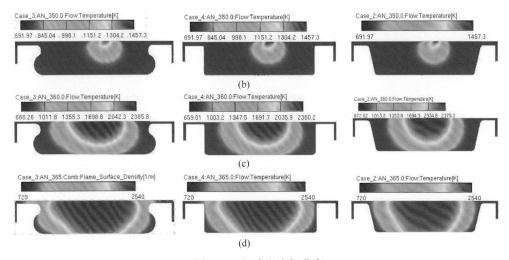

图 3-10　缸内温度场分布

（a）340°CA；（b）350°CA；（c）360°CA；（d）365°CA

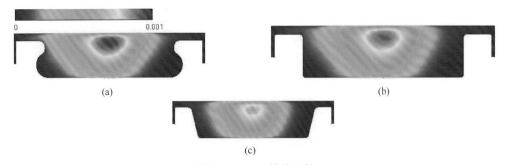

图 3-14　NO$_x$排放比较

（a）1号（缩口）；（b）2号（直口）；（c）3号（敞口）

图 3-15　偏置燃烧室网格示意图

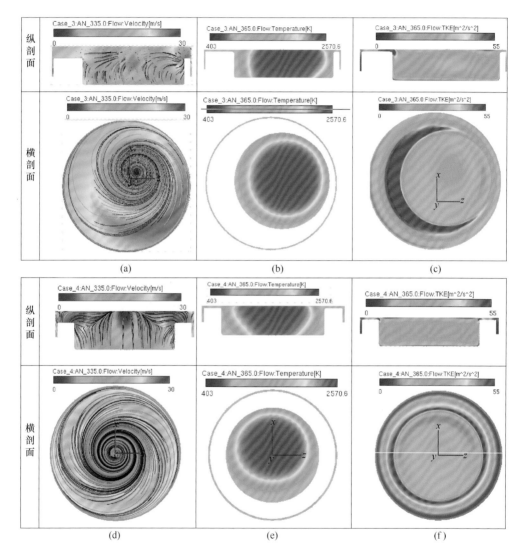

图 3-20　偏置与中置燃烧室三维计算结果比较

（a）偏置燃烧室速度分布；（b）偏置燃烧室温度分布；（c）偏置燃烧室湍动能分布；

（d）中置燃烧室速度分布；（e）中置燃烧室温度分布；（f）中置燃烧室湍动能分布

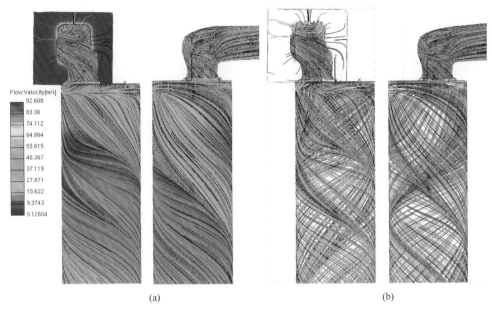

(a)   (b)

图 5-5   原机升程为 11mm 时表面流速分布和流动迹线图

（a）气体流速分布图；（b）气体流动迹线图

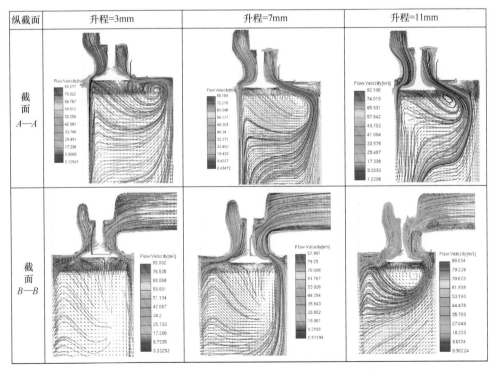

图 5-7   不同气门升程时缸内气体流动纵截面比较

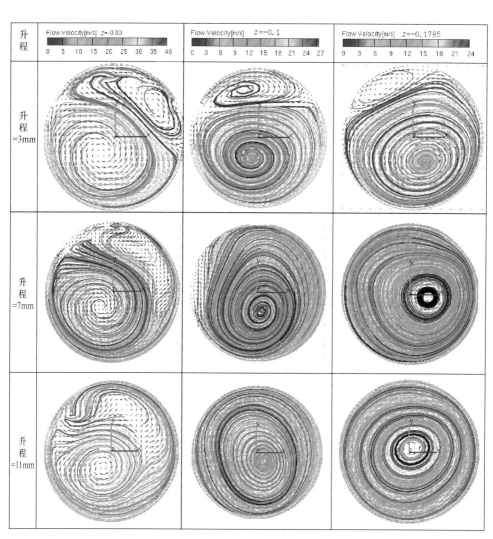

图 5-8　不同气门升程时缸内气体流动横截面比较

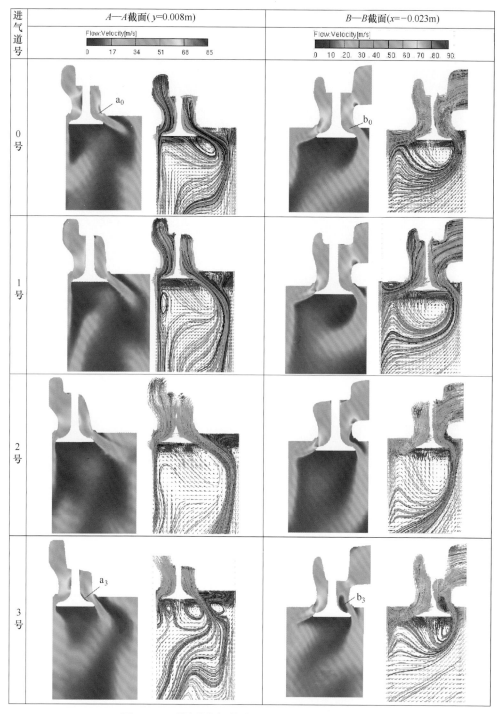

图 5-13　不同形状气道时缸内纵截面气体流速比较

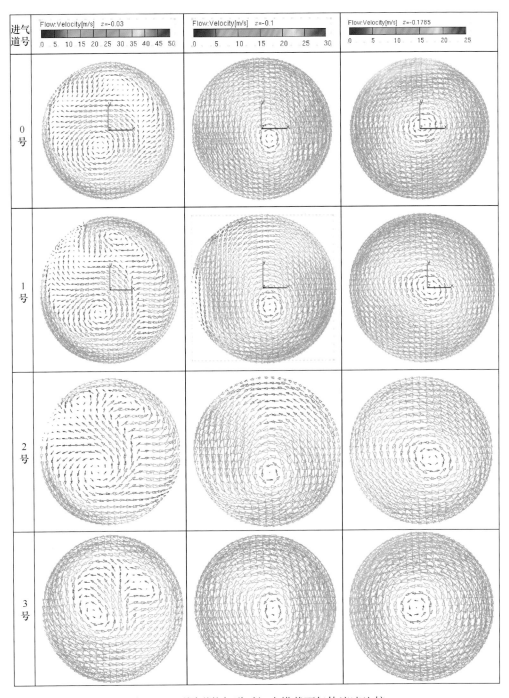

图 5-14　不同形状气道时缸内横截面气体流速比较

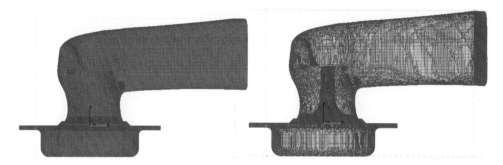

图 5-15　网格划分

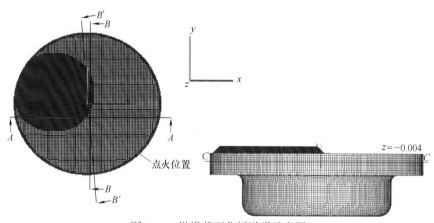

图 5-17　纵横截面分析说明示意图

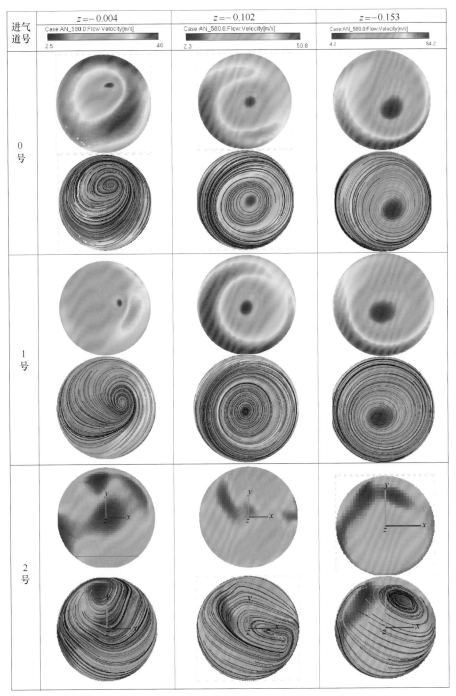

图 5-18　进气结束时缸内横截面上的气体流场（580°CA）

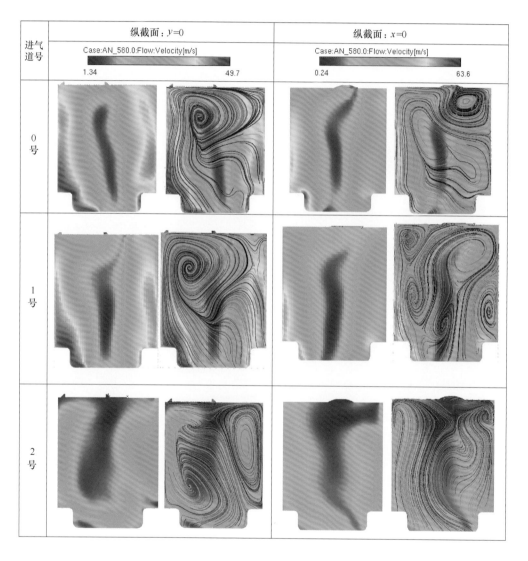

图 5-19　进气结束时缸内纵截面上的气体流场（580°CA）

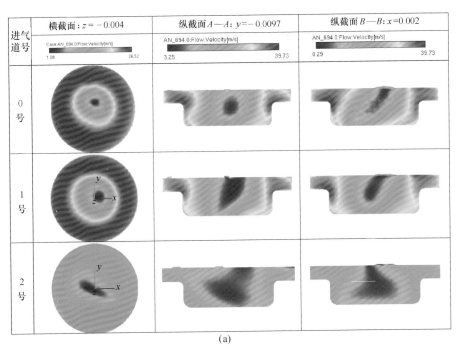

(a)

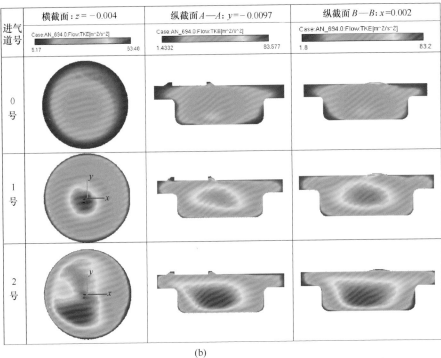

(b)

图 5-21　694°CA 时缸内气体流动情况

（a）气体流速；（b）气体湍动能

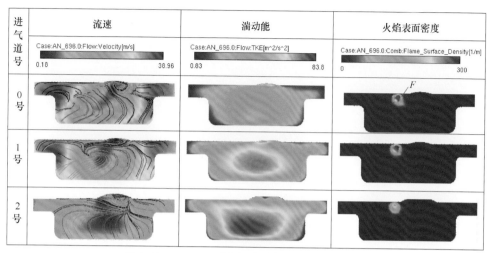

进气道号	流速	湍动能	火焰表面密度
	Case:AN_696.0:Flow:Velocity[m/s] 0.18　　38.96	Case:AN_696.0:Flow:TKE[m^2/s^2] 0.83　　83.8	Case:AN_696.0:Comb:Flame_Surface_Density[1/m] 0　　300
0号			F
1号			
2号			

图 5-22　696°CA 时的缸内流场和火焰表面密度

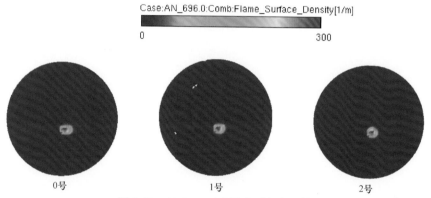

Case:AN_696.0:Comb:Flame_Surface_Density[1/m]

0　　　　300

0号　　　　　1号　　　　　2号

图 5-23　696°CA 时火焰表面密度比较

进气道号	710°CA	720°CA	730°CA
	AN_710.0:Comb:Flame_Surface_Density[1/m] 0　　1977.3	AN_720.0:Comb:Flame_Surface_Density[1/m] 0　　3537	AN_730.0:Comb:Flame_Surface_Density[1/m] 0　　4213
0号			
1号			
2号			

图 5-24　不同曲轴转角下的火焰表面密度

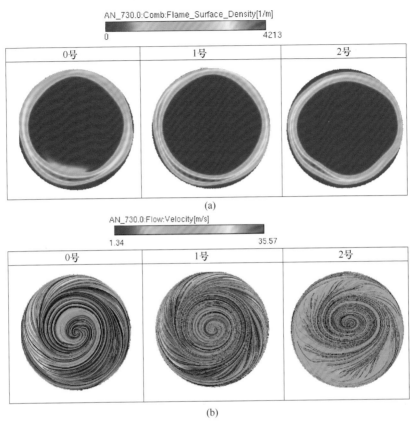

图 5-25　730°CA 时 $z=-0.04$ 的横截面图
（a）火焰表面密度；（b）气体流速与流线

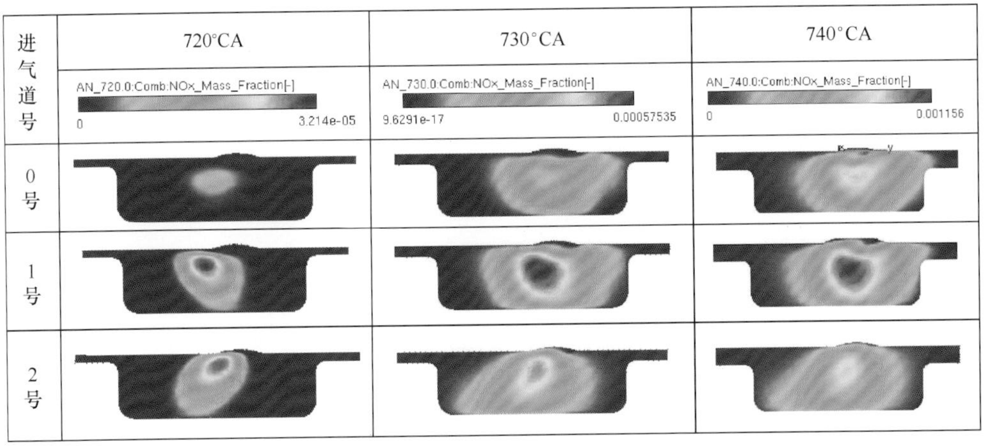

进气道号	720°CA	730°CA	740°CA
0号			
1号			
2号			

图 5-29　NO 生成量和生成区域